KB267344

세창

세창

알기 쉬운
과학용어 해설집

박혁구 지음

세창미디어

책머리에

언어 예술은 형식적이거나 사전적 의미에 얽매여 표현되지 않는다. 따라서 사실적 사고보다는 감성적 사고에 일관될 때 비로소 그 가치가 현실화되는 것이다. 과학에서의 발명 또한 일상적인 사고만으로는 결코 존재하기 힘들며 그 발명의 가능성은 바로 추상적 사고에서 비롯됨을 말하고 싶다.

격언에 보면 "인간은 생각하는 갈대다"란 말이 있다. 인간은 바람에 흔들리는 갈대처럼 약한 존재이지만 생각하는 것으로써 무엇보다 강한 존재가 되어 있다는 뜻으로, '생각하다'는 것의 중요성을 말하고 있다.

우리 인간에게 편리함을 배가시키고 인간의 생활을 더욱 윤택하게 만들 수 있는 발명품을 창조하기 위하여 필자는 여러 해 동안 노력해 오고 있으며, 이 과정에서 낯선 과학용어를 접하거나 용어 선택의 어려움을 자주 체험하였다. 그 동안 이를 배려하기 위해 각 분야 권위자의 자문을 구하고 각종 전문서적 등을 뒤적여야 했으며, 이에 따르는 시간낭비도 대단하여 항상 안타까웠다.

이에 필자는 평이한 풀이과정을 통해 누구나가 좀더 쉽게 과학에 접근할 수 있도록 그 동안 수집·정리한 자료들을 재편집하여 한 권의 책으로 출간하게 되었다. 아무쪼록 과학에 관심 있는 분들의 적극적 활용을 부탁드리며 좀더 정진할 수 있는 과학의 길을 기대해 본다.

앞으로도 새로운 과학용어가 출현할 때마다 정리하여 보다 완벽한 책자가 발간될 수 있도록 노력할 것임을 밝혀 둔다.

2002년 9월
박 혁 구 씀

차 례

차 례

차 례

차　례

차 례

차 례

1. 가속도

  '가속도'라는 말은 우리 생활 속에서 거의 일상용어가 되고 있다. 공간을 낙하하고 있는 물체의 속도가 점차 빨라진다는 것도 상식이고, 전차나 자동차의 속도가 출발한 뒤 점점 증가한다는 것도 잘 알려져 있다. 가속도란 속도가 증가해 가는 비율을 말하는 것으로서, 어떤 물체에 일정한 힘이 작용하고 있으면 무엇인가의 저항이 없는 한 그 물체의 속도는 점차로 증가한다. 다시 말해 가속도적으로 빨라진다는 것이다. 지구의 인력에 끌려 낙하하는 물체의 속도는 떨어지기 시작하여 1초가 지나면 9.8m의 초속, 2초 후에는 19.6m/초가 되고, 매초 9.8m의 속도가 더해져 3초 후에는 29.4m/초의 속도가 된다. 이 경우에 가속도는 $9.8m/초^2$이 되는데 이를 '중력의 가속도'라 부르며 G라는 기호로 나타낸다. 로켓에서 인간의 몸은 5G까지 견딜 수 있다.

2. 가스중독

  시안화수소가스(청산가스), 아황산가스, 염소가스, 일산화탄소 등 유독한 가스는 많지만 그 중에서 일산화탄소 중독은 일상생활에서 흔히 일어날 수 있는 중독이다. 일산화탄소는 목탄이 불완전 연소할 때 생기는 가스로, 무색무취하고 맹독성이기 때문에 매우 무섭다. 공기 중에 0.1%만 있어도 그것을 호흡하는 사람은 얼마 가지 않아 사망하는데, 이것은 일산화탄소가 폐 속에서 혈액의 헤모글로빈에 쉽게 결합하여 일산화탄소 헤모글로빈을 만들어 혈액의 기능을 상실시키기 때문이다.

일산화탄소는 공기와 섞여 연소되면 탄산가스가 되어 무해하지만 대부분의 연료는 여간해서 탄산가스까지 완전 연소해주지 않는다. 빨갛게 타고 있는 탄불에서는 대량의 일산화탄소가 발생한다. 또한 자동차의 배기가스 속에는 몇 퍼센트의 일산화탄소가 포함되어 있어 그 자체가 독가스이며 두통을 일으키는 원인이 된다.

3. 감광착색유리

매우 편리한 안경이 있다. 밝은 곳에 나가면 렌즈 색이 검게 변해 선글라스의 역할을 하고, 방으로 들어가면 렌즈 색이 사라져 무색 투명한 안경이 된다. 그것은 유리가 자외선의 작용으로 색을 발하고, 자외선이 사라지면 그 색도 사라져 원래대로 되돌아가는 기능을 하기 때문이다. 감광유리 중에는 사진유리라고 불리는 것이 있는데, 자외선이 닿으면 잔상을 만들고, 현상하면 화상이 나타나는 것이다.

현상은 유리를 650℃ 정도의 열로 가해하는데, 인쇄의 제판 등에 이용된다. 물론 보통의 유리가 이러한 성질을 나타내는 것은 아니고, 유리에 은염 등의 감광물질을 넣어 만든다. 자동변색 선글라스의 감광착색유리도 이와 비슷한 것이지만 자외선에 의해 발색하고, 자외선이 없어지면 곧 갈색이 된다는 점이 편리하다. 변색의 원인은 빛의 작용으로 원자 배열이 변화하기 때문이라고 생각된다.

알기 쉬운

4. 감마선 농장

지금 일본에서는 여기저기에 감마선 농장의 연구소라는 것이 있다. 원자력과 결합된 라디오 아이소토프(동위원소)가 발생하는 방사선은 생물체에 장애를 일으킨다. 그러나 생식세포에 닿으면 그것을 죽이는 일 없이 유전을 맡아보는 염색체의 유전자에 변화를 일으키는 경우가 있다. 그 생식세포에서 자손이 만들어지면 변종이 되어 나타나는 것이다. 사람에게 방사선이 닿으면 기형 또는 치사적인 돌연변이가 나타나서 위험하지만 농작물이나 꽃 등의 경우 품질개량에 도움이 될 수 있다. 그런 목적으로 코발트60이 방사되는 강력한 감마선을 사용한다는 것이 감마선 농장이다.

식물의 종자에 감마선이 쬐었을 경우 여러 가지 우열의 변종이 발생하게 된다. 희귀한 튤립, 열매가 많은 땅콩 등이 감마선 농장을 통해 생성되고 있다.

5. 강 자 성

모든 원자는 전자를 띤 입자를 가지고 있어서 각각 작은 자장을 형성한다. 자연자석은 지구 자장에 의해 자장 구역이 맞추어진다. 이것을 이용하면 더욱 강한 자석을 만들 수 있다. 강한 자석은 철과 코발트, 니켈 등 철에 가까운 금속에서 나타난다. 이 강한 자석의 효과를 강자성이라고 하며 이 말은 '철'이라는 뜻의 라틴어에서 왔다.

강자성은 온도가 높으면 그 성질을 잃어버린다. 높은 온도가 되면 원자가 세게 진동하여 정렬이 흐트러지기 때문이다. 프랑스 물리학자 P. 큐리는 1895년 강자성과 온도의 관계를 처음으로 발견했다. 어떤 물질이 어떤 온도를 경계로 하여 강자성을 보이는 온도를 큐리온도(Curie Temperature)라 한다.

평상시에는 강자성이 아니지만 낮은 온도가 되면 강자성이 되는 물질도 있는데 니켈 등이 그 예이다.

6. 게임이론

게임은 보통 즐거움을 위해 하는 경기를 말한다. 원래 게임은 동전던지기와 같은 우연에 의한 것, 체스와 같이 기량에 의한 것, 포커와 같이 양쪽 모두 섞여 있는 것, 또는 운동경기에서 체력만 관계하는 것이 있다.

헝가리의 수학자 J. 폰 노이만은 게임 최적 전략을 개발하기 위해 수학적 해석을 시도했다. 동전던지기 같은 단순한 게임에서 개발된 원리에서 기초, 사회 현상에까지 접근을 시도했다. 이렇게 정교한 수학적인 접근에서 시작된 연구를 게임이론이라 한다. 폰 노이만은 경제학자 O. 몰겐스틴과 함께 1944년 「게임이론과 경제행동」이라는 책을 발간했다. 전자계산기의 발전과 함께 이 책을 통해 게임이론은 2차 대전 이후 널리 퍼졌다.

게임 가운데 규칙이 정해져 있고, 일정한 수의 말을 사용하며, 한정된 면적에서의 한정된 횟수의 게임은 최적 전략과 어울린다.

7. 결 정

결정이라고 하면 누구든지 수정의 육모 기둥, 다이아몬드의 정팔면체, 눈의 육각 깃 모양을 연상하게 될 것이다.

알기 쉬운

우리의 주변은 결정으로 채워져 있다고 해도 과언이 아니다. 육안으로는 볼 수 없지만 금속, 암석, 도자기, 플라스틱, 그리고 목재 펄프까지도 결정을 이루고 있다. 사실 고체는 모두 결정이라고 정의할 수 있다. 비결정이라고 해도 엑스선이나 전자선을 사용해서 조사해보면 결정질인 것이 많다. 결정에는 등축정계(等軸晶系), 정방정계(正方晶系), 육방정계(六方晶系), 사방정계(四方晶系) 등 6가지 그룹이 있다. 원자나 분자가 정렬할 때 결합하는 성질에 따라 이 중 어떤 한 가지 결정의 형태를 취하는 것이 원인이다. 그러나 유리창이나 꽃병의 프리즘 유리 등은 겉으로는 결정처럼 보이지만 비결정질이다.

8. 결핵균

30여 년 전만 해도 결핵은 사형선고나 다름없는 병이었다. 그런데 요즘은 그다지 큰 병이 아니다. 에이즈나 암처럼 사람들을 공포의 도가니로 몰아넣었던 결핵을 어떻게 치료하게 되었을까? 1866년 독일에서 병원을 개원한 로베르트 코흐는 28번째 생일날 부인에게서 현미경을 선물로 받았다. 코흐는 틈만 나면 현미경을 들여다보며 연구에 열중하였다. 어느날 탄저병으로 죽은 양의 피를 관찰하다가 검은 피 속에서 작은 막대모양의 미생물을 발견했다. 이것이 바로 탄저병의 병원체인 것을 알아냈다. 그리고 그가 33세가 되었을 때, 양이나 소에게 잘 걸리는 탄저병의 원인이 눈에 보이지 않는 미생물 때문이라는 것을 발견했다. 코흐는 결핵으로 죽은 사람의 폐를 여러 가지 색의 염료로 물들여 결핵균을 배양하는 실험을 되풀이하다가 마침내 1882년에 세상에 알렸다.

9. 경 도

매파니 비둘기파니 하는 말이 있지만, 사람의 강하고 무름에
는 과학적 의미가 없다. 강하고 무름은 어디까지나 고체재료에 있
어서 중요한 성질이다. 강철이 아무리 단단해도 다이아몬드를 능
가하지 못한다. 강하고 무름의 차이가 생기는 이유를 결정을 구성
하는 원자나 분자 사이의 결합력이 어긋나기 쉬운지 아닌지에 의
해 정해진다는 식으로 말하면 물성론(物性論)이 취급하는 이론이
되어 이야기는 더욱 딱딱해진다. 그러면 그 강함의 정도, 즉 경도
는 무엇을 기준으로 정해지는 것일까? 브리넬은 금속의 경도를 정
할 때 일정한 강구(鋼球)를 눌러 금속이 패이는 정도를 표준으로
했다. 이러한 경도 측정법을 '브리넬경도'라 하며, 그것을 재는 도
구를 브리넬경도계라고 한다. 그러나 다이아몬드, 수정, 석탄석
과 같은 광물의 경도는 '모스경도계'로 정해진다.

10. 고 도 계

사람의 키 정도라면 몰라도 산의 높이나 비행기의 고도를 자
로 잴 수는 없다. 대신 고도계라는 것이 있는데 기압을 측정하는
아네로이드 청우계(晴雨計)에 고도의 눈금을 새긴 것이다. 이것
은 해면으로부터의 높이를 기압의 저하를 이용해서 재는 것으로,
항공기나 등산용 고도계도 나와 있다. 그러나 이것은 해면에서부
터의 높이이며 지상에서부터의 높이라고 할 수는 없다.

그러면 지상에서부터의 실제 높이를 정확하게 알려면 어떻게
하는 것이 좋은가. 한 물리학자는 밤에 두견새가 울면서 나는 것
은 음파로 지상에서부터의 높이를 재는 것이라고 하였다. 실제로

그런지는 알 수 없지만, 만일 항공기라면 그와 비슷한 것이 가능하다. 그러나 이때는 음파가 아닌 전파를 쓰고, 지상으로부터의 반사에 의해 고도를 측정하는 것이다.

11. 고 분 자

생물체와 관련된 화합물, 예를 들면 단백질이라든가 식물섬유의 셀룰로오스라든가 혹은 고무와 같은 화합물은 물이나 용제에 녹지 않고 열이 닿아도 웬만한 온도에서는 녹아 액체가 되지 않는다. 생명체라는 것은 이처럼 강인한 성질을 갖고 있는데, 이것은 섬유나 단백질의 성분이 그러하기 때문이다. 그렇다면 이러한 물질은 도대체 어떠한 화학구조를 가지고 있는 것일까?

1925년 독일의 화학자 슈타우딩거는 상당히 커다란 분자로 이루어져 있는 화합물이라고 생각했다. 그리고 그것에 '거대분자' 즉, 고분자화합물이라는 이름을 붙였다. 이와 같은 고분자화합물을 무엇인가로 합성해 보았더니 상당히 질긴 섬유나 가죽, 고무, 혹은 딱딱한 플라스틱 등이 만들어져서 화학섬유가 탄생했다.

12. 고온 초전도체

초전도 현상을 보여주는 임계온도가 절대온도 0K (약 -273C) 및 액체헬륨의 온도 4K보다 높은 물질을 고온 초전도체라 한다. 최초로 초전도체를 발견한 사람은 네덜란드의 물리학자 오네스였다. 그는 1911년 절대온도 4K의 액체헬륨을 이용하여 수은의 온도를 냉각시키면서 전기저항을 측정하던 중 액체헬륨의 기화온도인 4.2K 근처에서 수은의 저항이 급격히 사라지는 것을 발견하였

다. 이렇게 저항이 사라지는 물질을 사람들은 초전도체라 부르게
되었다.

초전도 현상의 또 다른 발견은 독일 마이스너와 오센펠트에
의해 1933년에 이루어졌다. 1986년에는 베드로르츠와 뮐러에 의
해 LaBaCuO가 임계온도 30K에서 초전도체가 된다는 사실이 발
표되고, 1987년 미국의 폴 추 박사에 의해 77K 이상에서 초전도
현상을 보이는 물질 즉 산화물계 초전도체들이 개발되었다.

13. 고 조

태풍 등 심한 폭풍우의 습격과 함께 해안지방에서는 엄청난
파도의 공격을 받는 일이 있다. 큰 파도가 해안 육지 깊이까지 침
입해 오는 것인데, 1960년 일본 이세만 태풍으로 인한 고조는 나
고야시를 싹쓸이할 정도였다. 고조는 바다 전체가 솟아올라 육지
로 밀고 올라오는 현상이다.

태풍은 기압 저하가 현저한 저기압이다. 그 기압 저하에 따라
바닷물이 솟아오른다. 예를 들면 태풍으로 기압이 20밀리 내려갔
을 경우, 그 20밀리는 수은주의 높이이므로 수은 비중을 13.6이라
고 하면 물기둥 높이는 27㎝, 즉 바다 표면이 27㎝만큼 솟아오르
는 셈이 된다. 그 상승된 해면을 초속 20~30m의 바람이 밀어 올려
한층 더 거대한 파도를 만들어낸다. 만일 태풍의 상륙이 만조시
고, 또 해안 입구가 만(灣)이라면 고조는 해일처럼 육상으로 침입
해 들어오게 된다.

알기 쉬운

14. 곰팡이

습기가 많은 곳에는 곰팡이가 피게 마련이다. 푸른곰팡이, 털곰팡이, 누룩곰팡이 등 곰팡이의 종류는 많으며 사람에게 도움을 주기도 하고, 해를 끼치기도 한다.

곰팡이는 최하등 은화식물의 일종인 '균류'에 속하고, 송이버섯, 표고버섯 등의 버섯과 같은 종류이다. 곰팡이도 종류에 따라서는 우리들에게 중요한 일을 한다. 누룩곰팡이는 전분에 기생하여 그것을 당으로 변화시켜 주기 때문에 감주나 청주, 알코올 발효 등 양조에 없어서는 안되고, 떡이나 구두에 생겨 불쾌감을 주는 푸른곰팡이는 항생물질인 페니실린을 만들어준다.

우리들의 몸에 기생하여 무좀, 백선, 기계충 등의 피부병을 일으키는 곰팡이도 있고, 폐결핵과 똑같은 증상을 일으키는 병원체의 곰팡이도 있다. 본체의 균사는 현미경으로만 볼 수 있고, 눈에 보이는 것은 포자가 만들어지는 자낭체이다.

15. 공기용수철

'보일의 법칙'이라는 것이 있다. 공기는 물론 모든 가스는 체적과 압력을 곱한 값이 일정하다는 법칙이다. 그러므로 공기를 반으로 압축하면 두 배의 힘으로 반동되어 온다. 10분의 1로 압축시키면 10배의 힘으로 누르는 즉 10배의 압력을 나타낸다.

대신 아주 조금만 압축하면 가볍게 반동되기 때문에 이것을 잘 이용하면 매우 이상적인 용수철을 만들어낼 수가 있을 것이다. 타이어나 고무공도 이것을 응용한 것이다. 공기가 좋은 스프링이 된다는 것은 주사기 끝을 막고 피스톤을 눌러보면 곧 알 수 있다.

공기 스프링을 버스나 기차의 충격완화용 스프링으로 사용하면 승차감을 크게 높일 수 있다. 공기 스프링은 타이어와 같은 물결 모양의 고무통에 공기가 갇혀 있는 구조로 되어 있고, 스프링 강도는 공기를 다른 탱크와 연결시켜 조절한다.

16. 공명입자

1890년 방사성이 발견된 후, 어떤 방사성 원자는 붕괴되기까지 매우 짧은 시간 동안만 존재한다는 것이 알려졌다. 소립자 자체도 붕괴하는데, 어떤 하이페론은 10억분의 1초 내에 파손된다.

1950년대의 물리학자들은 파이중간자와 양자가 어떤 어떤 에너지에서는 매우 쉽게 반응하지만 다른 에너지에서는 그렇지 않다고 생각했다. 어떤 에너지에서는 무엇인가 일어나고 다른 에너지에서는 그렇지 않을 때 그것을 공명이라 한다.

1960년대 미국의 물리학자 L. W. 앨바레는 이 공명현상에서 실제의 입자가 만들어지고 나서 1초의 1조×1조분의 1 내에 붕괴한다고 보았다. 빛의 속도로 달리는 입자라도 이 시간 안에는 현미경으로도 볼 수 없는 거리밖에 움직이지 않는다. 이와 같은 공명입자의 존재는 간접적으로 확인할 수 있을 뿐이다. 물리학자들은 그 존재를 인정하고 있다.

17. 광 I C

광IC는 광집적 회로라고도 한다. 이 광IC는 빛과 전자가 갖는 각각의 성질과 기능적 특징을 한 장의 반도체 기관상에 집적한 직접 회로로서 현재 광통신과 광정보 처리에 응용되며 본격적인 실용화를 위한 연구, 개발이 이루어지고 있는 단계이다.

광IC에 대한 연구는 1990년대 초부터 세계적으로 활발해지기 시작하여 복합 광집적 회로 개념의 연구 및 패키징 기술 분야에 많은 연구 결과가 발표되었다.

1992년 젤리 등은 광학 벤치를 이용한 4채널 광송수신 모듈에 대한 연구 결과를 발표하였고, 1994년 Crookes 등은 0.9dB의 과잉 손실을 갖는 PD 모듈을, 존슨 등은 복합형 광전집적 회로에 대한 결과를, 또한 야마다 등은 PLC 개념을 정립하였다. 광IC로 사용되는 반도체는 갈륨, 비소, 인듐, 인 반도체 등의 화합물 반도체로 실용화가 한정되었다.

18. 광디스크

광디스크는 기록된 신호를 빛, 특히 레이저를 이용해서 읽어내는 정보저장 매체의 하나로 레이저 기술의 발달과 함께 1980년대 초에 실용화되었으며, 지름 120㎜, 200㎜, 300㎜, 두께 1.2㎜의 투명 플라스틱 또는 유리에 알루미늄 코팅한 레코드와 같은 형태의 기관에 음성이나 영상의 정보를 디지털 부호로 변환하여 레이저광에 의해 기록, 재생되어 있는 디스크를 말한다.

광디스크는 투명 아크릴, 폴리카보네이트, 유리 등으로 된 2장의 디스크를 맞붙여 그 안쪽에 정보기록면을 봉해 넣어 샌드위치 구조로 되어 있으며 먼지나 티끌, 긁힘, 손자국 등을 방지할 수 있는 장점과 정보의 기록, 재생 과정에서는 렌즈를 사용하여 레이저광을 지름 10^{-3}㎜의 구멍에 짜 넣기 때문에 디스크로부터 헤드를 1㎜ 정도 떨어진 상태로 기록, 재생할 수 있어 헤드와 디스크간 접촉이 없는 장점이 있다.

19. 광 섬 유

광섬유는 'fiber optics'라고도 하며 빛을 통하여 정보를 전송하는 새로운 소재의 통신 매체로 기존의 동 케이블을 대체할 광통신에서 디지털 전송로가 되는 케이블을 말한다. 통신망에 사용되는 실제의 광섬유는 머리카락보다 훨씬 가는 원통형으로 원 두 개의 층으로 구성되는데 내부를 코어라 하고 외부는 클래드라 한다.

광섬유는 기존의 구리선보다 더 많은 정보를 운반할 수 있으며, 일반적으로 전자기의 간섭을 받지 않으므로 신호를 재전송할 필요가 없다. 이제 대부분의 전화회사에서 장거리 전화 회선에는 광섬유 회선을 이용하고 있으며, 향후에는 고속의 광대역 통신을 요구하는 사무실은 물론, 일반 가정에서도 광섬유 회선의 이용이 보편화될 전망이다. 광섬유는 오늘날 동영상 전송 등 광대역 통신을 위한 필수 기술로 각광받고 있다.

20. 광 우 병

광우병은 소해면양뇌증(BSE)으로 소의 뇌회백질이 스펀지처럼 변하는 것이 특징인 치명적인 질환이다. 비슷한 질환이 양, 밍크, 사람 등에서도 알려져 있다. 광우병은 1986년 영국 남부에서 키우던 소들에게서 1천 예 이상 집단적으로 발생하였다. 조사 결과에 의하면 소에서 집단 발병하게 된 이유가 스크래피로 죽은 양의 고기와 뼈를 사료로 사용하였고, 이 때 스크래피의 원인 병원체인 프리온의 감염력을 완전 제거하지 못한 것이 이유였을 것이라고 한다.

소가 풀이나 볏짚, 옥수수 같은 인공 곡식사료를 먹고사는 초
식동물로만 알고 있는 우리로서는 어리둥절할 뿐이다. 역학조사
결과 잠복기가 있어 오염된 사료를 먹고 2.5~8년 후에 발병한 것
으로 추정되었다. 이 질병은 이미 양들 사이에서 있다는 것이 알
려진 '스크래피'라는 질병과 유사하고, 사람에서도 비슷한 현상을
보이는 질환이 있다.

21. 광 전 관

진공상태의 유리관 속에 두 장의 금속 전극을 놓고 그 사이에
전압을 건 뒤 마이너스 극판 쪽에 빛을 쬐면 전류가 흐른다. 그
전류는 빛의 강도에 비례하기 때문에 닿는 빛에 변화가 일어나면
전류도 그에 따라 변하게 된다. 이것이 광전관(光電管)의 구조와
원리이다.

광전관(光電管)을 사용하면 여러 가지 재미있는 것을 만들 수
있다. 토키나 텔레비전 카메라는 고급적 이용이고, 자동문이나
도난경보기 등에도 사용할 수 있다. 그러나 광전관(光電管)에 사
용할 수 있는 금속은 아무 것이나 다 되는 것은 아니다. 보통의
빛에는 세슘이라는 알칼리 금속이 사용되고, 또 녹토비전과 같이
암흑 세계를 적외선으로 보는 데는 카드뮴이 좋다.

광전관(光電管)은 진공관의 일종으로 텔레비전 카메라 등에
서 빛의 변화를 정확하게 전기 변화로 바꾸는 데 사용되는 장치로
광전지라는 것과 다르다.

22. 광 합 성

모든 동물은 식물을 섭취한다. 그러면 식물은 낮과 밤에 수백만 종의 동물들에게 먹힘에도 불구하고 어떻게 일정한 수준의 양을 유지할 수 있는 것일까?

식물이 사용하는 원재료는 물과 이산화탄소이고 이들의 작은 분자들로 식물의 조직을 구성하는 분자를 재합성하는 것에 필요한 에너지는 태양빛이다. 녹색식물은 엽록소(녹색의 잎사귀란 뜻)를 함유하고 있다. 이 엽록소는 태양의 빛을 흡수하여 광에너지를 화학에너지로 변화시키는데 이 과정을 광합성('빛에 의해 합성한다'는 뜻)이라 부른다.

광합성이 알려진 것은 2백 년 전의 일이지만 상세하게 해명된 것은 1950년대가 되어서야 가능하였다. 미국의 M. 칼빈이 방사선 동위원소를 이용하여 광합성에 당생성의 회로를 밝혀냈다.

23. 광화학스모그

스모그(smog)란 연기의 스모크(smoke)와 안개의 포그(fog)가 결합되어 생긴 말로 런던의 안개를 지칭했다. 겨울이 되면 매연에 수증기가 응결하여 짙은 안개가 끼고, 스모그가 발생하면 한 치 앞도 보이지 않는다. 그런데 요즘은 더운 여름, 맑은 날에도 스모그가 생긴다. 그런 현상이 처음 나타난 곳은 로스앤젤레스이다. 이 스모그는 굴뚝의 연기가 없어도 생기기 때문에 공장의 매연이 원인은 아니다. 주범은 자동차, 항공기의 배기가스이다.

더운 여름이나 아열대지방에서 스모그가 생기는 원인으로 태양 광선 속의 자외선을 꼽고 있다. 엔진 배기가스의 불완전 연소

알기 쉬운

생성물과 산화질소가 자외선을 받으면 여러 화학반응이 일어나고, '오존'이나 '옥시던트' 등의 강화 산화물이 생겨 안개를 만들어 눈, 목을 자극한다. 광화학스모그란 이러한 빛의 화학작용의 산물이다.

24. 구 름

제트기를 타면 대기 끝에 떠 있다고 생각하는 권운(새털구름)을 빠져나가 아무 것도 보이지 않는 하늘로 나가버리는 것을 알 수 있다. 구름의 높이를 살펴보면, 권운(卷雲)은 6000~17,000m 상공에 나타난다. 비구름인 난층운(亂層雲)은 100~2000m, 여름 하늘에 드문드문 떠 있는 적운(積雲)도 500~3000m이므로 금새 비행기 아래에 놓이게 된다. 제트기는 7200m 이상의 높이에서 흰 구름을 만들며 날아간다. 이 인공의 비행기 구름은 배기가스의 입자를 바탕으로 하여 물방울이 응결되어 생기는 것이다.

구름은 물방울이나 얼음입자이지만, 너무나 작아 매초 수센티미터의 속도로 낙하하는 데 불과하다. 그러므로 상승 기류에 밀려 떠 있는 것이 구름이다.

25. 귀 소 성

전서비둘기는 먼 곳으로부터 틀림없이 집으로 되돌아온다. 이러한 동물의 성질을 귀소성이라고 한다. 고등동물이라면 여러 사실을 기억하여 집에 돌아오는 것이라고 하겠지만 지능이 낮은 동물이 어떻게 멀리서 둥지로 돌아올 수 있을까? 그 원인을 알아내려는 연구는 다양하게 진행되어 왔다.

전서구의 귀소성은 철새가 방향을 결정하는 작용과 함께 오래 전부터 연구되고 있다. 어떤 학자는 남북을 지자기로 결정하고 동서는 지구 자전의 원심력을 파악하여 결정한다고 생각하기도 했다. 새를 비행기로 추적하여 연구한 학자도 있는데, 그에 의하면 비둘기는 눈도 좋고 기억력도 좋아 주로 시력에 의지한다고 하였다. 그러나 철새는 야간에 별의 위치를 보고 방향을 결정한다는 연구 보고가 있고, 꿀벌은 태양 광선의 편광을 이용하여 방향을 정한다고 한다.

26. 금 성

금성은 새벽 하늘의 샛별로 우리에게 가장 친근한 별이다. 천체 중에서는 태양, 별에 이어 세 번째로 밝은 별로 때로는 낮에 보이는 경우도 있다. 중국의 문헌에 '태백주견(太白晝見)'이라는 말이 있는데, 태백은 금성을 말하는 것으로 개기일식 때는 물론 낮에도 나타난다.

금성은 지구에서 가장 가까운 혹성으로 지구 안쪽에서 공전하고 있다. 주위는 짙은 수증기와 탄산가스를 포함한 두꺼운 대기로 구름이 끼어 본체는 아무 것도 알 수 없고, 주기 조사도 불가능하다. 태양의 주위를 도는 공전일수는 224일이며 태양이 가까워 조석(潮汐)작용으로 자전 시간이 매우 늦다. 미국 금성로켓 마리나호에서의 통신으로 자기가 없다는 것이 관측되었고, 그것은 자전속도가 매우 늦기 때문으로 추측되고 있다. 생물의 존재는 아직 밝혀지지 않았지만, 생존이 불가능한 것으로 여겨진다.

알기 쉬운

27. 기 생 충

세계보건기구(WHO)의 조사에 따르면 오늘날 인류 중 기생충에 감염된 사람은 4억 5천만 명이 넘는다고 한다. 기생충에는 나라별 특성이 있다. 인분을 비료로 사용하는 나라에서는 회충이 많고, 동남아처럼 맨발로 걸어 다니는 나라는 십이지장충, 날것에 가까운 비프스테이크를 먹는 남아연방은 촌충이 많다. 생활풍습을 개선하면 이런 기생충은 격감될 수 있으며, 구충제를 집단으로 복용하면 보유자는 한껏 줄어들 것이다.

기생충의 생활사는 매우 재미있다. 촌충 알은 물 속에 흘러들어 물벼룩에 먹히고, 물벼룩은 연어나 송어가 먹고, 송어는 또 사람이 먹는 것이다. 많은 기생충에 이 같은 중간 숙주의 순환이 있다. 기생충의 종류에는 회충, 촌충, 디스토마 그리고 필라리아 등이 있다.

중간 숙주의 순환고리를 끊기 위한 방법이 연구과제이다.

28. 길항적 저해

효소는 생체의 화학반응에 촉매작용을 하기 때문에 반응속도에 큰 차이가 있다. 효소의 작용을 방해하는 물질 중에는 생물이 위험할 정도까지 교란시키며 죽음에 이르게 하는 것도 있다. 이와 같은 물질이 독물이다.

그러면 효소의 작용을 방해하는 데는 어떠한 방법이 있는가. 한 방법으로 효소의 작용을 받는 본래의 물질과 매우 비슷한 화학구조를 갖는 물질을 투입하는 것이 있다. 단지 화학적으로 비슷할 뿐인 이 물질은 효소와 결합하기 위해 본래의 물질과 경쟁한다.

그러나 일단 효소와 결합하면 본래의 물질과는 중요한 차이를 나타내 효소의 작용을 방해한다. 이러한 작용이 길항적 저해이다.

길항적 저해를 가져오는 독물 가운데는 우리의 생명을 구하는 것도 있다. 모든 세포가 똑같지 않기 때문이다. 항생물질이 그 같은 선택적 독물이다.

1. 나노미터

1795년 프랑스혁명에 의해 새로운 도량법이 시행되었는데 그 도량법은 대단히 편리하고 논리적이어서 현재에는 세계 거의 모든 나라에서 시행되고 있다. 이 도량법은 기본적으로 미터라는 단위를 사용하며 1m는 약 39.3인치에 해당한다. 미터법을 고안한 사람들은 1000분의 1보다 작은 단위를 나타내는 접두사는 생각하지 못했으나, 과학자들은 보다 작은 단위를 필요로 하였다. 그래서 '마이크로미터'를 사용하게 되었다.

나중에는 이것으로도 충분치 못해 1958년 마이크로미터와 마이크로미터의 1000분의 1을 나타내는 나노미터, 나노미터의 1000분의 1을 나타내는 피코미터도 정식 공인하였다. 나노(nano-meter)라는 말은 '난쟁이'라는 말에서 유래되었다. 1962년, 피코미터의 1000분의 1을 나타내는 펨토미터와 펨토미터의 1000분의 1을 나타내는 아토미터도 공인되었다.

2. 나이테 연대학

자연계의 사건들은 과연 기록을 남기는 것일까? 어떤 의미에서 본다면 자연계는 너무 규칙적이다. 미국의 천문학자 A. E. 더글라스는 나무의 성장을 관찰함으로써 미국의 사막지대를 연구했다. 나무가 성장하는 계절에는 밝은 목질층이 생기며 그렇지 않은 때는 얇고 어두운 층이 만들어진다. 이 얇고 어두운 층을 나이테라고 한다.

더글라스는 수많은 나무를 연구한 결과 어떤 나무의 초기 나이테 모양이 그 나무보다 나이가 많은 나무의 나중시기 나이테 모양과 비슷하다는 사실, 즉 나무의 나이테들끼리 서로 겹치는 부분이 있다는 사실을 발견했다. 그는 고대의 나무조각들을 수집해 나이테가 연속되도록 배열함으로써 시기를 측정할 수 있게 한 것이다. 그는 이런 식으로 옛날 일의 연대(年代)를 추정하는 방법을 '나이테 연대학'이라고 명명하였다.

3. 네 티 즌

네티즌이란 네트워크(Network)와 시민(Citizen)의 합성어로 네트워크로 이루어진 가상 사회의 구성원이란 의미이다. 여기서 네트워크의 개념은 전화망 등을 포함하는 모든 전기통신망을 통칭할 수 있지만 좁은 의미에서는 인터넷 등의 컴퓨터 네트워크라고 말할 수 있고, 다수의 컴퓨터를 다양한 통신경로를 통해 연결하여 서로 자료나 장치 등을 공유하는 것을 뜻한다.

네티즌은 컴퓨터 네트워크를 통해 자신이 원하는 지식, 정보를 구하고 사용하며 정보화 사회의 혁명을 이끌 새로운 세력으로 등장하고 있다. 사이버 공간에서 네티즌의 행동양식 중 가장 특징적인 것은 자유이다. 현재 네티즌의 숫자는 전 세계에서 기하급수적으로 증가하고 있으며 그 영향력을 고려할 때, 가상 국가 형태인 정보 국가의 탄생을 예견할 수도 있다.

알기 쉬운

4. 노이로제

　지나치게 공부한 결과 신경이 날카로워지거나, 강박관념에 빠지거나 정신에 이상을 가져와 자살했다든지 하는 것은 모두 신경쇠약으로 취급된다. 신경이 지나치게 자극을 받거나, 머리를 과도하게 써 고민이나 불만이 계속되면 이것들이 신경이나 뇌세포에 대한 스트레스가 되어 감정이나 감각에 고장을 일으킨다. 하찮은 일로 괴롭고, 이유 없이 불안해지고, 감정이 지나치게 고양되어 세상이 싫어지는데, 이것들은 모두 노이로제 증상이다.

　오늘날과 같은 복잡한 도시생활, 자극이 많은 사회환경, 바쁜 업무, 지나친 경쟁의식, 사회불안 등도 모두 노이로제의 원인이 된다. 또한 신경은 육체의 기능도 지배하기 때문에 근육이나 내장에도 이상이 나타난다. 몸이 무겁게 느껴지고, 손발 기능의 이상, 위의 통증, 잦은 설사 등 스트레스 증상도 유발한다.

5. 녹색혁명

　인류 역사상 최초의 인구폭발은 농업의 발달에 의해 야기되었다고 한다. 1만 년 전, 토지를 경작하기 시작하여 생산되는 식량은 크게 증산되고, 많은 사람들이 먹고살게 되면서 세계의 인구는 계속 증가해왔다.

　농지도 늘어나고, 비료와 살충제의 사용, 원동기가 달린 기계 사용 등은 생산량을 증대시켰다. 또한 성장이 빠르고, 추위나 더위에 강한 품종을 골라 심는 것도 생산증대의 한 방법이었다. 이 방법을 연구했던 사람은 미국의 농학자 N. E. 블라욱이었다. 1944년 그는 소맥의 개량방법을 연구하기 위해 멕시코로 갔고, 일본의 소맥과 멕시코의 재래종을 교배, 키 작은 신종 소맥을 개발했다. 이와 같은 성과는 녹색혁명이라고 불리워졌다. 토지는 푸른색으로 뒤덮이고 거기에서 생산되는 작물은 순조롭게 자라났다. 이로써 기아의 위험은 서서히 사라졌다.

6. 뇌 출 혈

이것은 흔히 뇌일혈 또는 뇌졸중이라고 한다. 성인병 중 가장 두려운 것의 하나로 갑자기 뇌의 모세관 속에 출혈이 생겨 급사하거나, 손발에 마비를 일으켜 반신 불수가 되고 언어 장애가 생기기도 한다. 직접적인 원인은 동맥경화와 고혈압이다.

사람의 혈압은 일반적으로 나이에 90을 더한 것이 정상이라고 한다. 중년 이후 혈압이 현저히 높으면 뇌출혈의 우려가 있으므로 미리 조심해야 한다. 지방질 위주의 식사는 혈관 내벽에 콜레스테롤을 침착시켜 동맥이 경화되는데 여기에는 선천적인 체질도 관계가 있다. 뇌출혈이 있어났을 때는 절대안정이 필요하며 진정제나 혈압강하제 등으로 출혈을 막는 것이 중요하다. 수술에 의해 뇌속의 출혈 부분을 제거하는 방법도 있으나, 치료법이라 할 수는 없다. 혈압 이상시 심호흡을 계속하면 도움이 된다.

7. 뇌 파

생물체는 일종의 전자공학 장치와 비슷하다고 생각되기도 한다. 생명현상은 여러 가지 면에서 전기와 연관을 갖고 있다. 근육이나 신경에 전류를 작용시키면 여러 가지 반응을 일으키고, 또 근육이나 신경이 어떤 작용을 하면 그에 따라 전기가 발생된다.

알기 쉬운

그런 전류를 동작 전류라 하는데 몸의 여러 부분의 전류를 측정하면 그 기관세포의 작용 상태를 추측할 수 있다. 이것은 뇌세포의 경우도 마찬가지로 생각할 때나 노여워할 때는 뇌에서 일정한 전류가 흐른다. 뇌는 쉬지 않고 활동하고 있는데 뇌에 미약한 전류를 흐르게 하면 그 전류는 뇌의 활동에 따라 변화하게 된다. 그 뇌 전류를 진동 기록 장치에 그려보면 강약의 물결 모양으로 나타나는데 이것을 뇌파라 부른다. 뇌파의 파형은 뇌의 상태에 따라 다르나, 우리가 생각하는 것을 그대로 표현하지는 않는다.

8. 뉴트리노

최초로 발견된 두 가지의 소립자, 전자와 양자는 전하를 갖고 있다. 1932년 전하를 전혀 갖지 않은 소립자가 발견되었는데, 그것은 전기적으로 중성이므로 중성자(neutron)로 이름 붙여졌다. 그런데 1931년 오스트리아의 물리학자 W. 파울리는 방사성 원자핵이 붕괴하면서 전자를 방출할 때에 어느 정도의 에너지가 어딘가에서 소모된다는 사실을 발견하고 이것을 설명하기 위해 새로운 입자의 존재를 주장했다. 그에 따르면 이 입자는 전하를 전혀 갖지 않으며 질량도 매우 작다는 것이다. 파울리가 발견한 이 입자는 중성자에 비해 질량이 훨씬 작았기 때문에 '작은 중성자'라는 이탈리아어 'neutrino'라는 이름을 갖게 되었다. 1950년 미국의 물리학자 C. L. 코원 11세와 F. 라인스는 대량의 뉴트리노가 커다란 물탱크에 부딪치게 하는 장치를 이용, 관측에 성공했고 검출해냈다.

1. 다이아몬드

다이아몬드는 경도 10도라는, 다른 물질보다 월등한 견고성을 갖고 있어 보석으로서 귀하게 여겨진다. 뿐만 아니라 보석류의 연마, 트랜지스터용, 게르마늄의 절단, 텅스텐 필라멘트의 제조, 암석 굴삭기 드릴의 끝, 유리 절단기 등 광범위한 공업상의 용도를 가지고 있다. 다이아몬드의 90%는 공업용인 셈이다. 다이아몬드는 독특한 빛을 가지고 있고, 성분은 탄소이다. 그것은 몇만 기압의 압력과 2000℃ 이상의 고온작용으로 트럼프의 다이아몬드에서 표현되는 것과 같이 정팔면체의 투명한 결정체가 되었다. 즉 지하 900㎞의 온도와 압력에 해당한다. 그래서 다이아몬드는 심성암인 감람암에서만 발견된다.

다이아몬드를 함유하고 있는 모암은 '킹바라이트'라고 불리는 돌인데, 그 이름은 아프리카의 다이아몬드 광산인 킹바레에서 따온 것이다.

2. 단백질공학

생명현상의 대부분은 효소, 호르몬, 수용체 등의 단백질에 의해 이루어진다. 단백질은 모든 생명체들의 생명현상을 일으키는 데 가장 실질적인 역할을 한다. 즉 유전자가 가지고 있는 유전

알기 쉬운

정보에서 최종적으로 만들어지는 생산물질이 단백질이고, 생명현상의 물리 화학적인 반응들을 담당하게 되는 것이다.

단백질공학은 단백질의 구조와 기능의 상관관계 이해를 기반으로 단백질이 가지고 있는 아미노산의 서열을 임의로 바꾸거나 화학적으로 처리, 여러 분석장비들을 이용하여 새로운 의약품 개발의 대상 물질 발굴을 목표로 한다. 단백질은 20여 종의 아미노산이 수십 개에서 수백 개가 모여 복잡한 구조를 이루고 있다. 단백질 개량기술은 혈전 및 혈전해, 암 전이, 노화 관련 등의 기능 규명 이후 의약품 대상 물질을 분자 설계 및 기능 개선을 통해 새로운 약품개발을 가능케 할 것이다.

3. 달

지구에서 달까지의 거리는 37만㎞이다. 따라서 빛은 달에서 지구까지 1초면 도달한다. 달을 반사체로 하여 통신을 하거나 텔레비전 중계를 하는 것은 기술적으로 어렵다. 달의 표면을 보면 토끼 같기도 하고, 여자 얼굴 같기도 한 그림이 나타나는데, 그 형태가 항상 같지 않은 것은 달이 언제나 지구의 같은 면만 보여주지 않기 때문이다. 그것은 달이 한 바퀴 자전하는 시간과 지구 주위를 한 바퀴 공전하는 시간이 같아서이다. 옛날에는 자전이 빨랐는데 지구의 인력에 의한 조석작용으로 점점 늦어진 것이다.

달 표면을 망원경으로 보면 마마자국 같은 분화구 투성이인데 이것이 왜 생겼는지는 알 수 없다. 우주비행사가 달 표면의 돌을 가져왔지만 진상은 아직도 불명이다. 달이 태평양에서 튀어나왔다는 다윈의 주장은 틀린 것으로 판명되었다.

4. 대기 오염

공장 굴뚝이나 자동차 배기가스에 의한 스모그가 발생하면서 대기 오염이 심각한 문제로 대두되고 있다. 바람이 불지 않아 대기 중에 역전층이 생기면 방출된 가스는 그 주변에 갇혀 버리고, 대도시에서는 가스가 통과하는 데 시간이 많이 걸리므로 오염이 인체에 좋지 않은 영향을 미치게 된다. 대기 오염은 굴뚝에서 나는 연기, 석탄재의 미세한 입자, 제철소의 산화철입자 등의 고체 물질이 있고, 탄산가스·아황산가스·일산화탄소·산화질소 등의 기체, 황산안개라고 하는 액체입자 등이 있다.

그 중 환경 위생상 가장 문제가 되는 것은 아황산가스·일산화탄소 등으로 전자의 공기 중 허용량은 100만분의 10, 후자는 100만분의 50이다. 매연이나 자동차 배기가스의 불완전 연소 생성물 중에 있는 벤조피렌이란 물질은 폐암의 원인이 된다.

5. 대기 광

달 없는 밝은 밤에 매우 희미한 빛이 하늘 가득히 보이는 때가 있다. 이 빛은 상층 대기 중에서 나오는 것처럼 보인다. 이것을 대기광이라고 한다. 때로는 야광이라고도 부른다.

대기광의 성질은 지상에서 얻은 그 빛의 사진을 주의 깊게 해석하거나 상층 대기로 로켓을 발사하여 조사한다. 상층 대기에는 산소가 풍부한데, 이 산소는 하층 대기에서 볼 수 있는 두 개의 산소원자가 결합된 산소분자가 아니라 단일의 산소원자이다.

태양의 자외선이 상층 대기 중의 산소분자에 흡수되면 분자 구조를 깨버린다. 그리고는 분열한 두 개의 산소원자가 충돌할 때

알기 쉬운

마다 여분의 에너지가 가시광의 희미한 섬광으로 방출되면서 이들 원자는 재결합한다. 낮에는 분열보다 재결합 횟수가 적고, 밤에는 대량의 산소원자가 활발하게 재결합, 대기광을 발한다.

6. 대륙 이동

독일의 지구 물리학자 A. L. 베게너는 그린랜드를 탐험하면서 경도를 측정하여, 그린랜드와 유럽은 1세기 동안 1마일씩 벌어지고 있다는 주장을 하였다. 1912년, 그는 현재 흩어져 있는 대륙들이 전에는 하나의 거대한 대륙이었다는 설을 내놓았다. 베게너는 이 가상의 대륙을 판게아, 그것을 둘러싼 하나의 바다를 판타라사라고 했다. 그 판게아가 몇 개로 나뉘어져 현재와 같은 형태의 대륙들로 되었으며, 그것은 지구 심부에 있는 뜨겁고 걸쭉한 흐름 위에 떠있는 화강암 덩어리와 같다고 했다. 이것을 '대륙 이동설'이라고 한다.

이 설을 사람들이 처음에는 진지하게 생각하지 않았다. 그런데 1968년 이 설을 뒷받침하는 유력한 증거가 입증되었다. 남극 대륙에서 발견된 작은 뼈 화석이 현재의 남극과 같이 한랭한 곳에서는 서식하지 못하는 양서류의 화석이었음이 밝혀진 것이다.

7. 대 장 균

대장균이라고 하면 매우 불결한 느낌이 들겠지만 사실은 누구의 몸 속에나 다 살고 있는 박테리아이다. 막대모양을 한 간상균이며 별다른 병을 일으키지 않는다. 탄수화물이나 단백질을 분해시켜 소화를 돕는 역할을 한다.

그러나 위장의 조절이 나빠져서 대장균이 너무 번식하게 되면 창자 안에 이상 발효가 일어나 메탄, 수소, 이산화탄소 등이 많이 발생하고, 단백질이 분해되어 암모니아나 황화수소가 발생하거나 유독성 단백질 분해물인 스카톨, 테놀 등이 발생하여 설사를 일으키거나 신체에 유해한 증상을 일으키기도 한다. 그렇다고 대장균을 죽이는 항생물질 등을 너무 많이 복용하면 대장균이 줄어들어 마침내 소화 장애를 일으킨다. 우리들의 대변 속에는 대장균이 많이 들어 있으므로 물이나 음식물에서 대장균이 발견되는 것은 그만큼 오염된 탓이다.

8. 델린저 현상

갑자기 전류가 약해져서 통신 두절이 되는 경우가 있다. 이런 일은 1930년경부터 알려졌으나 원인은 잘 몰랐다. 1935년, 미국의 물리학자 델린저는 그와 같은 통신 장해가 태양이 자전하는 시간의 2배를 주기로 되풀이된다는 것을 발견하였고, 이 현상을 델린저 현상이라고 부르게 되었다. 태양은 수소의 핵융합에 의한 에너지로서, 그 내부는 2000만 도나 되는 고온으로 타고 있는 것이다. 그 때문에 태양면에서 끊임없이 폭발이 일어나 홍염이 공간으로 뿜어 올라간다. 태양의 흑점도 태양면의 움직임과 관련하여 발생되는 것이라고 한다. 그러한 태양의 소동으로 대향의 전자가 발사되어 지구의 상층에 있는 전리층에 변화를 일으킨다. 그 결과 지상의 전파를 교란시키게 되는 것이다. 델린저 현상은 주간에 태양이 높은 위치에 있는 지대에서 더욱 심하다.

알기 쉬운

9. 도 금

도금은 천한 금속의 표면을 귀금속으로 화장시키는 것일 뿐만 아니라 녹슬기 쉬운 금속제품의 녹막이를 하기 위한 것이다. 도금이 처음으로 발견된 것은 고대 바빌로니아의 발굴품에 전지라고 생각되는 것이 있어서, 당시 전기 도금용으로 사용된 것이라고 추측되었다. 놀라운 이야기가 아닐 수 없다. 당시의 전지나 도금법은 아무런 이론 없이 그저 경험상으로 알아낸 비법이었다. 그 전지나 도금법은 그대로 모습이 사라져 버렸다.

그러다가 근대에 와서 다시 등장하게 되었다. 도금은 기술에 따라 여러 가지 장점을 발휘할 수 있어서 많이 이용해왔다. 도금은 주로 금속염류 용액의 전기 분해를 이용하나 어떤 것은 전기를 이용하지 않는 방법도 있다. 귀금속에 귀금속을 도금하는 경우도 있다.

10. 도플러 효과

열차가 기적을 울리면서 지나칠 때 처음에는 진동수가 높은 소리로 날카롭게 들리지만, 멀리 떠나감과 동시에 낮은 소리로 변한다. 자동차나 제트기에서도 관측되는데, 소리를 내는 물체가 가까워질 때는 관측자에게 소리의 결이 실제로 내는 결보다 진동수가 '많은 결' 즉, 높은 소리로 들린다. 반대로 멀어져 가면 실제보다 진동수가 작은 낮은 소리로 들리는데, 이것을 도플러 효과라고 한다. 이것은 음파만이 아니라 빛, 전파에서도 같은 현상이 일어난다. 우주의 별빛 스펙트럼을 조사해 보면 적방편이라고 해서 실제의 빛보다 파장이 약간 붉은 쪽으로 치우쳐 있는 것이 관측되고 있으며 우주가 팽창되고 있다는 학설을 뒷받침하고 있다. 도플러 효과는 빛과 소리 등에도 해당되며 1842년 오스트리아의 물리학자 도플러에 의해서 발견되었다.

11. 돌연변이원

생물계에는 부모와 전혀 다른 특성을 가진 자식이 태어나는 경우가 있는데, 네덜란드의 식물학자 H. 드프리스는 이런 현상을 돌연변이라고 이름 붙였다.

미국의 생물학자 H. J. 밀러가 초파리는 온도가 높아지면 돌연변이의 발생 빈도가 조금 커진다는 사실을 발견하였다. 그는 초파리에 X선을 쪼이는 방법을 생각해냈고, 1926년 실험에 성공하여 오늘날까지 X선은 돌연변이 연구에 많은 도움을 주고 있다. 1937년 미국의 A. F. 브레이크슬리는 콜히친이라는 알칼로이드가 식물의 세포분열을 방해하는 작용을 하며 그 결과 이상 배수의 염색체를 갖는 세포가 만들어진다는 것을 발견했다. 이것이 화학물질로 인한 돌연변이의 시초가 되었다. 그 후, 머스터드가스는 염색체를 만드는 물질과 화학적으로 반응해 화학변화를 일으키며 돌연변이를 초래한다는 사실이 알려졌다.

12. 두견이의 습성

두견이, 뻐꾸기, 매사촌, 벙어리 뻐꾸기의 4종류는 우리 나라에 찾아오는 두견이과의 새이며 어느 것이나 보통 새와 매우 다른 습성을 가지고 있다. 스스로 집을 짓거나, 새끼를 기르는 일은 하지 않고 다른 새집 속에 알을 낳아 몰래 부화시켜 기르게 한다.

알기 쉬운

휘파람새, 멧새, 쇠유리새 등과 같은 작은 새가 희생이 되지만 그들은 두견이의 병아리를 눈치채지 못하고 기른다. 두견이들은 단지 알을 다른 새집에 넣은 것이 아니라, 처음 새집에 있던 알을 먹어버리고, 대신 알을 떨어뜨린다. 두견이 알은 숙주의 알보다 빨리 부화되며, 병아리는 집 속에 있는 다른 알을 모두 밖으로 밀어내고 양부모의 사랑을 독차지하며 자란다. 두견이의 무리는 6월 초순경 휘파람새들이 집을 지어 알을 낳을 때, 남쪽으로부터 날아온다.

13. 둘리 (복제양)

1997년 2월, 영국의 로즐린 연구소에서는 윌머트 박사와 동료들이 양을 복제하였다. 그들은 6년생 암양의 유전세포로부터 만든 cell line을 특수한 조건하에서 배양한 뒤 세포 내 핵이 제거된 수정되지 않은 난자와 전기융합법을 이용하여 세포융합을 유도하였다. 정자와 난자가 수정해 생성된 발생 초기단계의 생명체를 배자라고 하는데, 이는 분할 소구라는 세포들로 나누어지는 과정을 반복하면서 성체로 자라난다. 일례로 일란성 쌍둥이는 수정된 난자가 처음 분할할 때 하나의 생명체로 발생하는 대신 2개의 독립적인 개체로 나누어져 발생을 지속한 것이다. 로즐린 연구팀은 처리에서 이 같은 방법으로 인공적으로 만들어진 배아를 대리모 양의 자궁에 이식함으로써 클리닝된 복제양을 생산할 수 있었다. 배양된 세포를 이용한 동물 복제의 무한 가능성을 보여준 것이다.

1. 라 듐

마리 퀴리는 남편 피에르 퀴리와 함께 우라늄 광석인 피츠블렌드(역청 우라늄광)의 방사능을 연구하여 그 속에 토륨보다 훨씬 센 방사능물질이 있다는 것을 인정하고, 그 속의 하나를 발견하여 폴로늄이라고 이름 붙였다. 그러나 방사능이 더욱 센 물질이 존재하고 있음을 발견한 퀴리 부처는 이것을 '라듐'이라고 하였다. 1897년의 일이었다.

라듐은 원자번호 88, 흰 금속으로서 알파, 베타, 감마 등의 방사선을 내며, 붕괴하여 라돈으로 변한다. 라듐온천이란 대체로 라돈을 포함하는 온천이다. 라듐은 예로부터 암 치료에 없어서는 안될 물질로 알려져 왔다. 또 황화아연 등의 야광 도료에 섞어서 시계의 문자 발광자극제로 사용하였다. 라듐은 알칼리토 금속에 속하는 방사선 원소로 공기 속에서는 검게 변하고, 물과 반응하여 수소를 낸다. 불꽃반응은 진홍색이다.

2. 램 수 면

사람은 누구나 잠을 잔다. 단식보다는 잠 안자는 쪽이 더 단명하다고 한다. 미국의 심리학자 W. 디멘트는 1952년 잠의 문제를 연구하던 중에 눈알의 급속한 운동이 때때로 몇 분간 계속된다

알기 쉬운

는 것을 알아냈다. 그는 이 현상을 '눈알의 급속한 운동이 이루어지는 잠'이라고 이름 붙이고 약칭으로 REM수면(rapid eye movement sleep)이라고 했다. 이 기간의 호흡, 심장의 고동, 혈압 등은 깨어 있을 때와 그다지 다르지 않다. 이 램수면이 일어나는 것은 전체 잠자는 시간의 4분의 1이다. 잠을 자다가 이 기간에 깨어난 사람은 꿈이 한창 진행 중이었다고 타인에게 말한다. 이 기간에 계속 잠을 방해받으면 그는 심리적 피로를 호소하기 시작한다. 그 다음날 밤부터는 이 램수면의 시간이 늘어난다. 하루의 소모를 회복하기 위해 뇌에 필요한 것은 램수면인 것 같다.

3. 레 이 더

1880년대 맥스웰의 전자파 이론을 검증하고 있던 헤르츠는 그가 발생시킨 '스파크'가 연구실의 기둥에서 반사해 오는 현상을 발견하였다.

1900년 테슬러는 배의 위치를 전파의 반사로 알 수 있다고 시사했다. 1924년 애플턴과 버넷은 지상에서 신호를 보내면 전리층으로 반사되어 그 신호가 되돌아오는 현상을 연구하고, '하늘의 거울' 즉 단파 통신의 애플턴층의 존재와 그 높이를 확증했다.

1925년 블라이트와 튜브는 펄스 신호의 발전에 기여했다. 1934년 티저드 경의 주재하에서 영국 항공성 위원회는 와트슨 와트가 지도하는 정부 전파탐지본부에 비행 중인 항공기 기능을 마비시키는 '죽음의 광선'을 만들도록 위탁하였다. 와트슨 와트는 그의 동료 윌킨스와 함께 죽음의 광선에 필요한 에너지를 어림셈하고, 시범에 성공했다.

4. 레이저

합성 루비의 결정이 최근 매우 흥미로운 용도로 사용되고 있다. 가시광선을 증폭시키는 장치를 두고 하는 말인데 새로운 과학용어로는 레이저라고 부르는 도구이다. 루비는 알루미늄 광물인 코랜덤에 미량의 크롬이 들어가 적색을 띠고 있는 것인데, 그 크롬의 양이 0.05%인 루비가 이 같은 흥미로운 현상을 일으킨다. 빛의 증폭이라지만 이것은 여러 가지 파장이 섞여있는 보통의 광선을 흡수하여 에너지를 모두 하나의 파장인 단색 광선에 집중시켜 강력한 빔을 발사시키는 장치이다.

루비의 레이저는 백색 광선을 크롬원자의 작용으로 6943옴스트롬이라는 파장의 적색 광선으로 바꾼다. 이 방법에서는 합성 루비의 결정을 지름 1㎝ 길이 5㎝의 원주형으로 자르고, 양면을 다듬은 뒤 여기에 반투명 은도금을 한다. 이것을 코일에 넣어 자극을 가한다.

5. 로열젤리

왕유(王乳)라고도 하는데, 최근 유행하는 강장제나 정력제 등으로 주목받고 있다. 이것은 원래 꿀벌이 여왕벌을 기르는 데 쓰이는 먹이이다. 꿀벌에는 여왕이라 부르는 암벌과 일벌, 수벌의 3종류가 있는데 일벌은 암컷이다. 암컷의 유충이 여왕이 되느냐, 일벌이 되느냐는 주어지는 먹이의 종류에 따라 결정된다. 보통 꽃의 꿀과 꽃가루를 먹이로 하여 자라면 일벌이 된다. 여왕을 필요로 할 때, 왕대(王臺)라는 특별한 방에 암컷의 유충을 넣고 로열젤리로 유충을 키운다. 그러면 유충은 특별하게 발육하여 여

알기 쉬운

왕벌이 된다.

왕유는 꽃의 꿀에 일벌의 어떤 성분이 섞여진 것으로 처음 독일에서 약으로 판매되면서 인기를 끌게 되었다. 왕유는 비타민 B군이 다량 함유되어 있고, 당류와 단백질 등이 들어있을 뿐 신비한 성분은 아직 밝혀내지 못했다.

6. 리 보 솜

1830년대 세포의 존재가 처음 알려졌던 당시만 해도 세포 내부의 복잡한 구조에 대해서는 거의 알려지지 않았다. 그러나 시간이 흐르면서 화학·물리학 등에 의해 새로운 방법이 개발되고, 세포 내부의 미세한 구조가 밝혀졌다. 1930년대 전자현미경이 개발되고 개량되어 1950년대에는 작은 미토콘드리아조차도 복잡한 구조를 형성하고 있음이 알려졌다. 이 미토콘드리아보다 작은 입자까지 관찰되었는데 그것을 미크로솜이라 명명했다.

이것의 특징은 리보핵산, 즉 DNA를 다량 함유하고 있는 것이다. 1953년 루마니아 태생인 미국의 생화학자 G. E. 패러디는 미크로솜의 막에 작은 입자가 밀집되어 분포되어 있는 것을 발견했다. 1956년 그는 이 작은 입자를 추출했고 리보솜이라 명명했다. 1960년대 리보솜은 세포 내에 있는 단백질 합성 장소임이 밝혀졌다.

1. 마법의 숫자

1916년 원자 속의 전자는 원자핵을 공의 껍질처럼 둥글게 둘러싸고 있다는 사실이 밝혀졌다. 원자핵에서 바깥으로 갈수록 이 껍질은 점점 커지며 둘러싸고 있는 전자의 수도 많아진다. 1930년대 초 원자핵이 양자와 중성자로 이루어져 있음이 밝혀지자 물리학자들은 이들 입자도 원자처럼 껍질 속에 편입되어 있는 것이 아닐까 생각하여 연구를 시작했다. 원자핵 속에 2, 8, 20, 50, 80, 126개의 양자 또는 중성자가 들어 있을 때 원자핵은 매우 안정된 상태에 놓이게 된다는 사실이 밝혀졌다. 1949년 독일의 물리학자 J. H. D. 얀센은 이 숫자들을 마법의 숫자라고 불렀다. 1949년 얀센과 독일계 미국인 물리학자 M. 거퍼트 메이어는 마법의 숫자에 기초, 핵 속의 입자배치에 관한 숫자의 계열을 생각해냈다.

2. 마 취

외과 의학은 19세기의 두 가지 큰 발견에 의하여 크게 달라졌는데 전신마취와 화농의 방지가 그것이다. 수술 중 통증을 없애기 위하여 알코올 등 여러 가지 방법이 쓰이고는 있었으나 사실상 마취 시대가 열린 것은 1799년 영국의 험프리 데이비가 일산화질소의 사용을 제창하면서부터이다. 기분을 들뜨게 하는 이 가스의 성

알기 쉬운

질이 알려지자 파티에서 인기가 높아지고, 연회를 흥겹게 하는 데 쓰였다.

1842년 미국의 윌리엄 클라크는 어느 부인에게 에테르를 주고 그 효력에 의한 무통으로 치아를 뽑았다. 같은 해, 조지아주 제퍼슨의 클리포드 롱은 외과 수술에 에테르를 사용했다. 그러다가 1846년 메사추세츠 종합병원에서 윌리엄 모튼이 에테르 마취를 이용하여 환자의 목수술에 성공하면서 에테르가 전신마취제로 이용되기 시작했다.

3. 마 하 수

마하는 오스트리아의 물리학자로서 그의 주된 연구 분야는 과학, 철학이었다. 19세기 당시 과학자들은 자신감에 차 있었고, 마하는 A. 아인슈타인에게 깊은 인상을 주어 상대성이론에 의한 과학 혁명의 길로 나아가도록 했다. 마하로부터 시작된 실용적 연구 가운데 하나는 1887년에 발표된 공기의 흐름에 관한 실험이었다. 그는 '물체가 공기 속을 통과할 때, 공기의 흐름은 그 물체의 속도가 음속을 넘어서면서 급격하게 변화한다'는 사실을 최초로 밝혀냈다. 제2차 대전 후, 비행기가 음속에 가까운 속도로 날 수 있게 되자 공기의 움직임에 대해 큰 관심이 쏠렸다. 그래서 나온 것이 마하수이다. 온도와 밀도가 일정한 공기 속에서 음속에 대한 비행체의 속도의 비(比)를 '마하수'라 한다. 만일 비행체가 음속과 같은 속도로 날아간다면 그것은 마하 1로 움직이는 것이 된다.

4. 만유 인력법칙

쇳덩이, 나무, 새의 깃털 등 무거운 것이나 가벼운 것이나 위에서 떨어뜨리면 모두 밑으로 떨어진다. 왜 모든 물체는 땅에 떨어질까? 그리고 왜 무거운 것일수록 빨리 떨어지고 가벼운 것은 천천히 떨어질까? 아리스토텔레스는 무거운 물체는 가벼운 물체보다 아래쪽으로 떨어지는 성질이 있어서 그렇다고 했고, 처음에는 사람들도 그렇게 믿었다. 그런데 이 학설에 의문을 품은 사람이 있었다. 피사의 사탑이 있는 이탈리아의 갈릴레이다. 갈릴레이는 피사의 사탑에서 공기의 저항에 관한 실험을 하여 지구에 중력이 있다는 것을 보여주었다. 1966년 아이작 뉴턴은 집 앞뜰에 앉아 생각에 잠겼다가 사과가 떨어지는 것을 보고 지구뿐만 아니라 다른 어떤 물체에도 서로 잡아당기는 힘이 있을 것이라 생각하여 1984년 이 이론을 완성시켰다.

5. 말라리아

맑은 계곡 물이 흐르는 산 속에 가면 물구나무서기를 한 형태로 멈춰 있는 모기를 볼 수 있는데, 물리면 꽤 아프다. 이것은 학질모기 또는 아노펠레스라 하고, 말라리아를 전염시킨다. 말라리아는 일정한 간격을 두고 발작이 생기거나 고열이 나는 특성이 있어 3일 열, 4일 열 등으로 구분한다. 말라리아 병원체는 동물성 미생물이며 말라리아 환자의 혈액 속에 있는데, 학질모기가 피를 빨아먹으면 모기에 기생하면서 번식하다가 침샘에 모인다. 이 모기가 사람을 물면 침과 함께 조사되어 전염되는 것이다.

열대지방에서는 어느 곳에서나 악성 말라리아가 유행하여 주

알기 쉬운

민들을 괴롭히고 사망률도 대단히 높다. 2차 대전 이후 열대지방의 말라리아는 뚜렷하게 감소하기 시작했다. 세계보건기구의 노력으로 살충제, 예방약이 보급된 때문이다.

6. 망간단괴

깊은 바다 밑에서 감자와 비슷한 덩어리가 헤아릴 수 없을 정도로 많이 굴러다니고 있다고 한다. '망간단괴' 또는 '망간 덩어리'라고도 하는데, 이것이 미래의 중금속 자원으로 세계의 주목을 받고 있다. 그 속에는 이미 육지에서 부족현상을 보이고 있는 망간, 니켈, 구리 등의 귀중한 금속이 다량으로 포함되어 있기 때문이다. 1974년 영국 챌린저호가 발견하였다.

망간단괴라는 이름은 그 안에 36% 이상의 망간이 포함되어 있고, 2~3% 정도이기는 하지만 니켈, 구리, 코발트 등도 들어 있다. 양은 막대하여 태평양만 따져 보아도 망간이 3500여억 톤, 니켈이 140여억 톤, 알루미늄이 430여억 톤, 구리가 70여억 톤, 그리고 코발트가 50여억 톤이나 되는 것으로 알려져 있고, 수만 년을 쓰고도 남을 정도의 어마어마한 양이다. 어떻게 이 금속덩어리가 해저에서 생성되었는지는 알려져 있지 않다.

7. 멀티미디어

멀티미디어라는 개념은 인간이 언어라는 매개체를 이용하여 다자간의 의사를 교환하기 시작하면서 태동되었다. 그 이후 문자, 출판, 신문 등의 출현으로 정보전달 효과가 급상승했으며 1990년부터 전화, 사진, 영화, 라디오, TV라는 미디어의 발달로 멀티미디어의 기반이 구축되었다. 특히 1980년 PC의 등장과 함께 통신, 방송, 오디오, 비디오 등이 신기술에 의한 멀티미디어의 형체를 구체적으로 보여주기 시작했다. 최근 들어 컴퓨터 신기술 혁명의 총아로 떠오르는 멀티미디어는 문자 그래픽, 음향 정보, 영상 정보 등과 같은 다양한 정보 미디어를 하나의 객체로 통합시켜 컴퓨터 기기와 인간과의 상호작용을 가능케 하는 새로운 통합 시스템을 의미한다.

멀티미디어는 통신과 결합하여 더욱 중요한 의미를 갖게 된다. 현재는 컴퓨터를 이용한 멀티미디어의 구현이 가장 널리 개발되고 있다.

8. 메 신 저

1940년대 초, 염색체의 핵산분자가 특정 효소의 합성을 촉진한다는 것을 생화학자들이 알아냈다. 염색체의 핵산은 디핵시리보핵산이라 불리는 종류로 흔히 DNA라 부른다. 그런데 세포중의 핵산은 DNA와 리보핵산(RNA)이 있다. RNA와 DNA의 차이점은 RNA는 핵과 세포질 양쪽이 있다는 것이다. RNA분자는 핵에서 세포질로 정보를 운반한다. 이것이 유전형질을 전하는 심부름꾼으로 그 이름을 메신저 RNA라고 불렀다. 메신저 RNA의 존재는 세균에서 최초로 발견되었다. 1962년, 미국의 생화학자 A. E. 밀스키와 알프레이에 의하여 포유류 세포에서도 그 존재가 입증되었다. 지금까지 이 메신저 RNA는 세포에서 세포로, 부모에서 자식으로 형질을 전하는 유전 메커니즘의 기본요소로 이해되고 있다.

알기 쉬운

9. 메커트로닉스

메커트로닉스는 메커니즘 또는 메커닉스와 렌트로닉스를 조합한 합성어이며, 각 구성요소 상호간의 운동 관계성과 그 구성요소들을 제어하기 위한 프로그램 기술과 제어 기술을 포함하는 기술을 의미한다. 이 기술은 기계적 요소와 전기적 요소를 모두 포함하는 것이기 때문에 디지털 기술, 소프트웨어 기술 및 기계 기술이 합쳐진 것이다.

메커트로닉스의 동향을 살펴보면 LSI의 성능 향상과 형상의 소형화, 성능 향상과 소비 전력 절감, 저가격 공급이 현대 산업 발전에 중심이 된 배경이 되었다. 메커트로닉스의 구성을 살펴보면 중앙처리부는 마이크로 프로세서를 이용하여 처리하는 곳이고, 센서부는 감도, 정도, 성형성 및 응답이 좋아야 하고 안정성과 신뢰성, 내환경성, 보수성, 내구성을 가지며 저렴한 가격 및 측정 대상이 외부 환경에 영향을 적게 받아야 한다.

10. 메 탄

메탄이라는 가스는 어디든지 다량으로 존재하고 있다. 그 필두는 목성이나 토성의 대기이다. 주성분은 메탄가스이다.

지구의 대기 중에는 없지만 지하에 천연가스로 존재하며, 그 양은 중량으로 석유와 맞먹을 정도이다. 북해에서 나오는 천연가스로 유럽의 연료를 대체하겠다는 계획도 있다. 메탄은 박테리아의 작용으로 유기물이 분해될 때 생긴다. 시궁창, 연못의 바닥에서는 끊임없이 메탄가스 기포가 떠오른다. 그래서 소기(沼氣)라 부르며 시험관에 넣고 불을 붙이면 잘 붙는다. 메탄은 석탄에서도 나온다. 탄갱 폭발은 메탄가스가 고여 있다가 불에 인화되어 일어나는 것이다. 부엌에서 쓰는 가스의 주성분, 뱃속에 생기는 가스에도 메탄이 함유되어 있다. 메탄은 탄소원자 1개에 수소원자 4개가 결합된 것으로 석유탄화수소나 유기화합물 중에서도 간단한 구조의 것이다.

11. 메 탄 올

'메틸알코올'이라고도 한다. 한때 싼 술에 섞여 있어 마시고 사망하거나, 실명하는 일도 있었다. 그래서 주류, 알코올을 쓰는 화장품에 섞는 것은 금물이다. 메탄올은 가장 간단한 알코올로 성질은 술의 에틸알코올과 흡사하다. 목재를 건류할 때 생기기 때문에 옛날에는 목정(木精)이라고도 했는데 지금은 합성으로 만들어지기 때문에 통하지 않는다. 합성은 일산화탄소와 수소를 고온 고압으로 결부시키는 방법으로 이루어지며 화학공업의 중요한 부분이 되어 있다. 용제에서 시작하여 포르말린의 원료가 가장 중요한 용도이다. 포르말린은 베크라이트, 요소수지, 멜라닌수지 등 플라스틱 원료로 사용된다. 메탄올은 연료가 되기도 하여 2차 대전 때 자동차나 항공 연료에 쓰인 일도 있고, 로켓에도 사용되었다. 백금 촉매로 메탄올에 점화할 수 있는데, 바람에 꺼지지 않는 라이터가 그것이다.

12. 면 역

전염병에 걸렸다 나으면 두 번 다시 그 병에 걸리지 않거나 걸리더라도 가볍게 앓는 것을 면역이라고 한다. 면역을 알고, 면역을

알기 쉬운

이용한 전염병 예방법을 처음으로 발견한 사람은 종두에 성공한 제너이다. 그러나 제너는 종두로 면역이 되는 까닭이나 천연두의 병원균이 무엇인지는 잘 몰랐다. 19세기 말, 프랑스의 파스퇴르는 종두와 같은 방법으로 가축의 전염병도 예방할 수 있으리라 생각하여 그 연구를 시작했다. 그리하여 1890년 닭의 콜레라 인공 면역법을 발견하였다. 인공 면역을 만들기 위해서 동물이나 사람에게 놓는 약한 병원균을 파스퇴르는 백신이라고 이름 붙였다. 파스퇴르는 탄저병의 면역 연구에 이어 광견병의 인공 면역을 만드는 데에도 성공하였다. 광견병은 감염 후 발병할 때까지 여러 날이 걸리므로 발병 전에 백신을 주사하여 면역이 생기도록 한 것이다.

13. 모 홀

1909년 유고의 지질학자 A. 모호로비치는 지구 표층에서 지진파가 전달되는 방향을 연구하였다. 지진파가 지표의 각 지점에 도달하기까지 시간을 측정하였던바 지표 아래 30~35㎞ 길이에서는 속도가 급변하는 것을 발견하였다. 이것은 그 면을 경계로 지층의 성질이 확실히 다르다는 것을 의미한다. 여기에는 불연속면이 있는데 그것을 모호로비치 불연속면 또는 모호 불연속면이라 부른다. 이 불연속면 위를 지각이라고 하는데 이것은 다른 종류의 암석으로 되어 있고 지구의 진화 과정에서 만들어진 것이다. 해저에서 약 5㎞ 정도면 모호면에 이르는데, 1960년대 모호면까지 구멍을 뚫는 계획을 세웠다. 이 구멍을 모홀(Mohole)이라 했다. 이 구멍 뚫는 계획은 지질학자들에게 상당한 반향을 일으켰지만 실행하는 데 많은 경비가 필요했고, 모홀 계획은 일단 보류되었다.

14. 목 성

목성은 태양계에서 가장 큰 혹성으로 질량은 지구의 318배에 달한다. 별 중에서 금성과 함께 가장 밝다. 금성과 목성을 구분하려면 밤에 관찰하면 된다. 금성은 밤에는 지평선 너머로 사라진다. 궤도는 화성보다 바깥쪽에 있기 때문에 아직 미국이나 러시아도 목성 탐사 로켓을 발사하지 못하고 있다.

목성의 크기는 크지만 밀도가 낮아 물의 1.33배밖에 안 된다. 그것은 금속 등의 무거운 원소가 중심부에 모여있고, 바깥쪽에는 두께가 몇만 킬로미터나 되는 얼음층이 자리잡고 있기 때문이라고 생각된다. 목성은 망원경으로 보면 붉게 보이고 '대적점'(大赤點)이라 부르는 커다란 반점이 보여 아직 완전히 식지 않은 뜨거운 별로 알려졌으나, 오늘날은 표면 온도가 영하 136℃인 것으로 추정된다. 대기는 메탄이 주류를 이루고 상층에는 수소가 많고 암모니아가 섞여 있다.

15. 몰렉트로닉스

미크로 전자공학이라고도 할 수 있다. 트랜지스터의 발명으로 진공관이 성냥골 같은 트랜지스터로 바뀌게 되어 포켓 라디오·휴대용 텔레비전 등 전자기기가 혁명적으로 소형화되었다. 그런데 더욱 작은 '마이크로 모듈'이라는 전자 장치가 만들어지면서 라디오 수신기도 콩알 크기로 만들 수 있게 되어 귓속에 들어가는 라디오도 가능하게 되었다.

이와 같은 소형 전자장치를 몰렉트로닉스라고 부른다. 이 장치는 발진기·증폭기·도선·저항·콘덴서 등을 케이스에 납땜하

알기 쉬운

여 조립한다. 만약 이와 같은 부분품을 직접 접착시키는 회로가 나오면 더욱 소형화될 것이다. 그래서 반도체나 금속 혹은 절연물 등을 진공증착접 등으로 얇은 층으로 밀착시켜 회로를 조립하여 더욱 소형화시켰는데 이를 집적회로(IC)라고 부른다. IC가 더욱 소형화되면서 약의 캡슐에 들어가는 발진기도 나타났다.

16. 뫼스바우어 효과

어떤 종류의 원자는 감마선을 배출한다. 이 때 감마선을 방출하는 원자는 반작용을 받는데 이 반작용에 의해 원자는 에너지를 일정량만큼만 흡수한다. 수많은 원자가 감마선을 방출하는 경우 각각의 원자는 조금씩 다른 크기의 반작용을 받아 상당히 폭넓은 에너지 범위에 걸친 감마선이 나오게 된다. 1958년 독일의 물리학자 R. L. 뫼스바우어가 연구한 바에 의하면 원자의 이런 현상이 모든 결정을 거쳐 일어나게 된다고 한다. 왜냐하면 결정은 한 개의 원자에 비해 훨씬 무겁기 때문이다. 그러므로 방출되는 감마선은 완전히 확장된 에너지를 갖는데 이것이 바로 '뫼스바우어 효과'이다. 이 현상은 아인슈타인의 일반 상대성이론을 검증하는 데 이용되었다. 실제로 에너지는 아주 작은 양만큼 결정에 의해 검출될 수 있을 정도로 증가하여 상대성이론이 옳다는 것이 입증되었다.

17. 무 향 실

소리는 공기의 파동에 의해 만들어지며 소리가 발생한 곳으로부터 시속 약 1200㎞의 속도로 퍼져 나간다. 그러다가 딱딱한 장벽과 마주치면 소리는 반사된다. 그러므로 장벽이 멀리 떨어져 있는 경우 소리가 장벽에 부딪쳐 되돌아오는 소리를 구별하여 들을 수 있는데 이 소리를 메아리(echo)라 한다. 반사되는 거리가 가까우면 메아리를 들을 수 없으나 악기를 연주하거나 이야기를 할 때처럼 소리를 오랫동안 낼 경우 끊임없이 되풀이되는 반향을 여운이라 한다. 소리는 흡수되는 성질도 가지고 있어 천이나 직물, 폭탄과 같이 작은 틈이 있는 부드러운 재질에 부딪치면 음파는 흡수되어 버린다. 소리를 흡수하는 재질로 내장을 해놓은 집을 무향실이라 부른다. 무향실 속에서는 소리가 사라져버려 '데드룸'(dead roon)으로 부르기도 한다.

18. 미토콘드리아

1930년에 모든 생물의 조직은 조그만 세포(cell)로 이루어졌다는 사실이 밝혀졌다. 세포는 육안으로는 볼 수 없을 정도로 작다. 또 세포들은 서로 막을 사이에 두고 구획이 지어져 있다. 독일의 생물학자 R. 알트만이 세포 내의 바깥 부분에서 수많은 과립(顆粒)이 발견되었다는 보고를 하자 사람들은 그것을 믿지 않았다. 그 후 독일의 C. 벤더가 1897년에 똑같은 내용의 보고를 내놓아 관심을 보이기 시작했다. 이 과립은 여러 가지 이름이 붙여졌지만 벤더가 제안한 '미토콘드리아'라는 이름이 최종적으로 받아들여졌다.

1950년대에서 1960년대 사이 과학자들이 전자현미경을 이용, 관찰한 바에 따르면 미토콘드리아는 매우 복잡한 구조를 하고 있었다. 또한 생화학적인 연구 결과 밝혀진 내용에 의하면 미토콘드리아는 세포 속의 발전소 역할을 한다.

알기 쉬운

19. 밀 도

2천여 년 전, 이탈리아의 시실리 섬에 시라큐스라는 마을이 있었다. 히에로 왕 2세는 보석상에게 금을 주며 왕관을 새로 만들 것을 명하였다. 얼마 후, 보석상은 아름다운 금관을 왕에게 가져왔는데 진짜인지 가짜인지 구분할 수가 없어 과학자 아르키메데스에게 진위로 가려줄 것을 부탁했다.

사흘의 기간을 가지고 문제를 풀려던 아르키메데스는 피곤한 몸을 풀기 위해 목욕탕에 갔다. 탕 안에 몸을 담그자 물이 목욕탕의 가장자리로 흘러 넘치는 것을 보고 금관의 무게는 같으나 부피가 서로 다르다는 것을 실험을 통해 설명하였다.

오늘날 이 원리에 의해 물 속에 담긴 모든 물체는 같은 부피의 물의 무게만큼의 힘을 연직 방향의 위로 받으며 뜨게 되는데 이 힘을 부력이라 하고, 일정한 물질의 단위 체적의 질량을 밀도라 한다.

1. 바이러스

비루스 혹은 '여과성 병원체'라고도 부른다. 여과성이라는 이유는 일반적인 세균류가 초벌구이 도자기의 미세한 구멍을 통과하지 못하지만 바이러스는 쉽게 통과할 만큼 작은 미생물이기 때문이다. 바이러스를 전자현미경으로 볼 때는 1만 배 정도로 확대해야만 볼 수 있다. 바이러스는 무생물과 생물의 중간적 성격을 지닌 존재로서 '생명을 가진 분자'라고 표현해도 좋을 것이다. 화학적으로는 일종의 핵단백질이고 결정으로 분리할 수 있는 것도 있다.

1935년, '담배모자이크병'의 바이러스가 스탠리에 의해 결정으로 검출된 이래 바이러스는 생물학적 생화학적으로 아주 흥미로운 존재가 되었다. 여러 가지 전염병의 바이러스가 잇달아 발견된 것은 전자현미경의 발달에 의해서였다. 천연두, 트라코마, 광견병, 유행성 소아마비 등이 모두 바이러스에 의한 병이다.

2. 바이오 세라믹스

바이오 세라믹스는 생체의 일부 기능을 대체할 목적으로 만들어진 생체 재료 중 하나로 개발된 것이다. 생체 재료간 과학 기술의 발달로 인체의 일부분이나, 질병, 또는 사고 등으로 잃어버린 기능을 치환, 보충하기 위해 생체에 직접 이용되는 인공 재료

알기 쉬운

를 말한다. 특히 인간에 이식되어 사용되는 재료는 생물학적, 기계적, 제조 사용상 등의 까다로운 조건을 전부 만족시켜야 가장 좋은 생체재료로 이용될 수 있다.

　　바이오 세라믹스는 크게 생체 관련 세라믹스와 생화학 관련 세라믹스로 구분된다. 바이오 세라믹스는 단순히 상처 입은 조직을 치환할 뿐만 아니라, 손상된 조직을 치료하며 생체가 본래 가지고 있는 자기수복 기능을 돕는 역할을 하며, 뼈나 치아 등의 무기질을 주성분으로 하는 경조직뿐만 아니라 무기질을 거의 포함하지 않는 연조직 수복 재료로도 이용한다.

3. 바이오 칩

　　전자공학과 현대 생물학의 공동 산물인 바이오 칩은 인체 비밀의 핵심인 DNA 염기 배열을 정밀하게 분석할 수 있는 첨단 칩을 일컫는다. 바이오 칩은 컴퓨터 칩에 사용되는 트랜지스터 대신에 DNA 탐침을 내장한다. 세포 내의 전달계가 지닌 특성을 모방해 단백질들을 실리콘 칩 위에 배열하면, 기존의 실리콘 칩의 기본 요소인 다이오드의 특성을 가질 수 있는 것이다.

　　바이오 칩은 인간 DNA 내의 대략 8천 개에 달하는 유전자들의 확인과 인간 지놈 프로젝트라고 불리는 전 세계적 공동 연구의 진행을 극적으로 가속화시킬 것이다. DNA를 이용하는 바이오 칩은 수천 가지 유전자의 특성을 동시에 분석해낸다. 바이오 칩이 개발되면 불치의 병 극복이 현실화되고, 생명의 근원에 대한 정밀 분석이 가능해지는 등 의학계에 혁명적인 변화가 일어날 전망이다.

4. 바이오닉스

생물이 갖고 있는 기능 가운데는 기계가 대신할 수 없는 것이 많다. 예를 들면 발명가가 새처럼 날개로 날 수 있는 기계를 만들려고 아무리 애써 보아야 허사인 것이다. 하지만 피부의 성질 때문에 물살을 일으키지 않고 수영을 하는 돌고래의 피부와 같은 성질을 선체가 갖게 된다면 배의 속도는 빨라지고 연료 소비는 줄어들 것이다.

미국의 생물 물리학자 J. 레드빈은 개구리의 시신경에 미세한 은 전극을 연결해 망막의 성질을 연구했다. 그 결과 5종류의 세포가 있음을 밝혀냈다. 이 세포들이 조합을 이루어 개구리의 놀라운 시력이 나오는데 이런 구조를 인공 센서에 이용하면 훨씬 정교한 센서가 될 것이다. 이처럼 생물적 체계를 인공 전자장치에 도입하기 위한 노력이 계속되는데 1960년 미국의 J. 스틸은 생물전자공학을 줄여서 바이오닉스라 불렀다.

5. 바이오 센서

바이오 센서는 생물학적인 요소(효소나 항온항체, 미생물 등)를 이용하거나 모방하여 생물학적 반응에 따른 생물학적 신호를 전기적 신호로 바꾸어 계측하는 계측 소자를 통틀어 지칭하고 있으며, 바이오 센서가 새로이 개발된 형태가 아니고, 화학 센서, 광 센서 등에 따른 생물학적 요소를 부착하여 만들어내고 있다.

생물학적 반응을 일으키는 것이 생체물질이라면, 그 반응에 의한 생물학적 신호를 전기적인 신호로 바꾸어 주는 것이 변화기이다.

알기 쉬운

현재 가장 많이 응용되는 바이오 센서는 BOD(생물학적 산소 요구량) 측정과 당, 알코올, 면역 센서 등에 상용화되어 있다. 바이오 센서의 필요성은 갈수록 높아질 것이며 의료, 환경 문제를 해결하는 가운데 일상생활 깊숙이 파고들 것이라 예상된다.

6. 반 알렌대

1958년 12월 어느날 쏘아 올린 미국의 로켓 파이오니아 3호는 지구를 감싸고 있는 두 개의 강력한 방사선 띠가 있음을 발견하였다. 이 로켓의 관측장비에서 보내온 정보를 정밀 분석하여 물리학자인 반 알렌 박사가 그 존재를 찾아낸 것이다. 알렌대란 대기의 상층부를 도넛 형태로 감싸고 있는 방사능 띠를 말하며 발견자의 이름을 따서 반 알렌대라 부르고 있다. 파이오니아 3호는 1만km 이상의 높이까지 올라갔는데, 탑재된 방사선 계측장치가 2200km 주변의 상공과 지표에서 12,000km 부근의 상공에 강력한 방사능 띠가 있음을 읽어냈던 것이다.

이들 방사능 띠의 중심부에서는 인간이 45시간만에 죽을 정도의 강렬한 방사능이 있다고 전해진다. 또한 이 두 개의 띠는 적도 상공에 도넛형태로 존재하고 있다.

7. 반 감 기

1890년 어떤 종류의 원자는 원자핵으로부터 계속 입자를 방출함으로써 다른 원자핵으로 변화한다는 것이 밝혀졌다. 이런 현상을 방사성 붕괴라고 한다. 어떤 원자가 언제 붕괴되는가 하는 것은 전적으로 우연에 달려있으므로 한 개의 방사성 원자의 수명에 대해 이야기해 보아야 아무 소용이 없다. 그러나 동일한 원자의 경우 일정시간 동안 붕괴되는 원자의 비율은 일정하기 때문에 전체 양의 10분의 1이 붕괴되는 데 걸리는 시간을 정확하게 계산해낼 수 있다. 다만 어떤 원자가 붕괴될지는 모른다.

그런데 방사성 원자는 줄어들어 그 양이 반으로 줄어드는 데 걸리는 시간을 알 수 있다면 대단히 편리하다. 그 시간이 반감기이다. 우라늄238의 반감기는 45억 년, 우라늄235의 반감기는 7억 년이다. 반감기가 더 짧은 물질도 있는데 라듐226은 1620년이다.

8. 반 도 체

물체에는 금속과 같이 전기를 잘 통하는 것과 유리나 플라스틱처럼 전기를 통하지 않는 것이 있다. 도체는 전자가 이동하기 쉬운 구조를 갖고 있고, 부도체는 전자와 원자 사이가 결속되어 있어서 이동할 수가 없다. 그러나 물질의 전기 전도도에는 정도의 차이가 있고, 금속 역시 전기저항이 큰 것이 있다. 전기의 양도체와 부도체의 중간 성질을 가진 물질을 반도체라고 한다. 반도체는 전기적으로 재미있는 성질을 나타내 트랜지스터, 정류기, 노출계, 원자 전지, 일렉트로 루미네선스라는 응용의 길이 발견된 것이다. 그 이유로 반도체는 양도체와 절연체의 양쪽 성질을 가지고 있기 때문이다.

반도체의 대표적인 것으로 게르마늄, 규소 등이 있고 금속 산화물이나 황화물 또는 플라스틱의 반도체도 만들어지고 있으며 일렉트로닉의 주역을 맡고 있다.

알기 쉬운

9. 반 양 자

우주의 일가에 '반양자(反陽子)'와 '양전자(陽電子)'로 이루어진 물질세계가 있었다. 그 세계의 소녀와 이쪽 세계의 소년이 사랑하고 있었다. 이쪽 세계의 원자는 양자와 전자로 이루어져 있기 때문에 이들이 손을 맞잡는 순간 대폭발을 일으켜 사라져 버렸다. 이것은 공상과학의 이야기지만 모든 물질은 원자로 되어있는데 이 원자는 양전기를 띤 양자와 음전기를 띤 전자로 구성된다. 그 밖의 전기를 띠지 않은 중성자가 있다. 그런데 전자에 반대의 양전기를 띤 입자가 있음을 알고 '양전자'라고 이름 붙였다. 그리고 양전자와 보통의 전자가 충돌하면 강력한 감마선으로 바뀌어버린다. 양전기를 가진 전자가 있으면 음전기를 가진 양자도 있을 것이다. 이것은 노벨상을 탄 이탈리아의 세그레가 발견하여 '반양자'라고 했다. 반양자는 우리 세계에서는 보통 존재하지 않는다.

10. 반 입 자

1930년 중성자가 발견되고, 그 원자보다 작은 입자가 수십 종류 발견되었는데 그것을 통틀어 소립자라고 부른다. 1928년 영국의 물리학자 P. A. M. 디락은 모은 소립자에 대해 '그 성질이 반대인 입자'가 존재한다는 이론을 제출했다. 이와 같은 반(反)전자입자는 1932년 미국의 물리학자 C. D. 앤더슨에 의해 발견되었는데 양전하를 띤다고 해서 양전자라는 이름이 붙여졌다. 그리고 양자에 대해 반대인 입자(양자와 똑같으나 음전하를 띠는)가 1955년 발견되어 반양자라는 이름으로 불리게 되었다.

물리학자들은 이론상 그 존재를 예상할 수 있는 모든 소립자에 대응하는 반대입자를 앞으로 계속 발견하게 될 것이다. 이들 반대 입자에 대하여 붙여진 일반적인 명칭이 바로 반입자 (anti-article)이다.

11. 발암물질

1937년 미국의 식물학자 브레이크슬리는 콜히친이라는 알칼로이드가 식물의 세포분열을 방해하는 작용을 하며 그 결과 이상 배수의 염색체를 갖는 세포가 만들어진다는 사실을 발견했다. 이것이 화학물질로 인한 돌연변이의 시초가 되었다. 그 후 머스터드가스(황화디클로디에틸, 이페리트)는 염색체를 만드는 물질과 화학적으로 반응해 화학변화를 일으키며 돌연변이를 초래한다는 사실이 알려지게 되었다. 연구가 계속 진행되면서 돌연변이를 일으킬 가능성이 있는 물질이 많이 발견되었다. 이런 물질을 돌연변이원으로 부른다. 일설에 의하면 암은 돌연변이에서 비롯된다고 한다. 따라서 돌연변이원은 암을 초래하는 물질일 수 있으며 이 경우 그와 같은 물질을 발암물질이라고 부른다.

12. 발 효

발효균이나 박테리아가 무엇인가의 물질에 번식하여 화학변화를 일으키는 것은 미생물체 내에 생기는 효소작용에 의한 것으로 이런 현상을 발효라 한다.

알코올 발효가 그 대표적인 예로, 식품 공업상 매우 중요하다. 그러나 발효는 술이나 알코올뿐만 아니라 된장, 간장, 요구르트, 치즈, 홍차 등 가공 식품류의 대부분이 발효작용에 의해서 만

알기 쉬운

들어지고 있다. 종류도 많아 알코올 발효, 메탄 발효, 아세톤 발효, 부탄올 발효, 수소 발효 등 많이 있다. 부탄올, 아세톤 발효는 부탄올이나 아세톤의 균을 이용한 것이며 우리 나라에는 이것을 공업적으로 실시해서 용제의 부탄올이나 아세톤을 제조하는 회사도 있다. 최근에는 조미료인 미원의 원료가 되는 글루탐산을 발효법으로 제조하는 기술이 발명되어 공업화되고 있다. 미생물을 이용한 발효법은 매우 유용하다.

13. 방 사 선

열선이나 빛, 자외선도 사전적인 의미에서는 방사선이다. 그러나 일반적으로 방사선이라고 하면 극히 짧은 파장을 가진 전자파인 X선과 방사능물질에서 나오는 알파선·베타선·감마선 등을 말한다. 그리고 원자핵반응에서의 중성자의 흐름이나 가속기에서 나오는 양자 등을 각각 방사선으로 취급하고 있다. 방사선원소의 방사선은 프랑스의 물리학자인 베크렐이 처음으로 발견했다. 그는 우라늄 광석을 검은 종이로 싼 사진 건판 위에 올려놓았다가 광석의 모양이 건판 위에 감광되어 있음을 발견했다.

우라늄이 내뿜는 방사선은 물체를 통과하는 성질이 있으며 사진에 찍힌다는 사실도 밝혀졌는데, 퀴리 부부는 방사성원소로서 폴로늄과 라듐을 발견했다. 그리고 라듐이 내뿜는 방사선은 알파, 베타, 감마 3종류임이 밝혀졌다. 어느 것이나 강력한 에너지를 갖고 있다.

14. 방사선 화학

'방사선 화학'이라 하면 방사능물질 그 자체를 연구하는 화학이지만 이름은 비슷하다. 방사선 화학이란 방사선을 여러 가지 물질에 비추어 이것이 어떻게 변화하는지, 방사선을 이용해 무엇을 만들 수 있는지를 연구한다. 주로 응용 방면에 중점을 두고 있는 셈이다. 감마선, 베타선, 그리고 원자로에서 나오는 중성자선 등은 물질을 통과할 때 그 분자에 변화를 일으킨다. 분자는 흐트러지거나 형태를 바꾸거나, 중합을 일으켜 더욱 큰 분자가 만들어지기도 한다. 폴리에틸렌에 감마선을 쪼이면 딱딱해져 고온에 강해지고, 비닐이나 비닐론 등도 감마선으로 강화된 것으로 화학섬유의 성질 개선에 이용된다. 그러나 방사선으로 튼튼해지는 것은 많지 않고, 비단이나 목면은 오히려 약해져 버린다. 진주를 검게 염색하는 것도 방사선 화학의 응용이다.

15. 백　신

요즘은 천연두, 장티푸스를 별로 찾아볼 수 없다. 유행성 소아마비, 결핵도 발병률이 격감된 지 오래다. 세균이나 바이러스 등의 병원체가 인체에 침입하면 병에 걸린다. 곧 병원체가 사멸되고 병세가 회복된다. 그 후에는 같은 병원체가 침투하더라도 그 사람은 다시 그 병에 걸리지 않는다. 말하자면 면역이 생긴 것이다. 면역이 생기는 것은 체내에 병원체를 죽이는 '항체'라는 물질이 생기기 때문이다. 우리가 홍역에 한 번밖에 걸리지 않는 것은 홍역의 항체가 일생 동안 체내에 존재하고 있기 때문이다. 따라서 전염병을 방지하기 위해서는 건강한 인체에 미리 쇠약한 병원체

등을 침투시키는데 이를 예방 접종이나 예방 주사라 부르며 그 목
적에 쓰이는 쇠약한 병원체 혹은 제재를 백신이라 한다. 천연두·
콜레라·장티푸스 등의 백신은 매우 효과적이다.

16. 백혈병

일본 히로시마나 나가사키에 원자폭탄이 떨어져 당시 방사선
에 노출된 사람들 중에 백혈병 환자가 많이 발생하여 문제가 되고
있다. 백혈병은 일종의 혈액암과 같은 것으로, 이상 형태의 병적
인 백혈구가 혈액 속에 급속도로 증가함으로써 여러 가지 위험한
증상을 일으키는 병이다. 급성 방사선 장애에서는 백혈구를 만드
는 골수세포가 침해를 받아 백혈구가 눈에 띄게 감소하지만, 만성
적 장애에서는 백혈구가 증가하는 백혈병을 일으키게 되는 것이
다. 그러나 백혈병의 원인은 단지 방사선에만 국한된 것은 아니
다. 벤젠 등 약품에 의한 중독과 뚜렷이 알 수 없는 원인에 의해
이 병에 걸리는 사람도 많다.

퀴리 부인의 큰딸도 백혈병으로 죽었는데 그것은 평생 방사
선 연구가 원인이었을 것이라고 추측하는 사람이 많다. 백혈병은
완전 치료가 가능하지 않다.

17. 베타카로틴

비타민 A의 전구체인 베타카로틴은 당근의 뿌리나 잎사귀에
함유되어 있으며 대표적인 카로티노이드이다. 그 기본 구조는 이
소프렌 구조 단위에서 생기고 C_4O의 조성을 갖고 있다. 사람과
동물에 있어서 생물학적으로 활성을 지닌 카로티노이드는 반드시

한 개의 ß이온고리를 갖고 있다. 1922년 Moore에 의해 식물체 내의 베타카로틴이 동물체 내에서 비타민 A로 작용한다는 것이 보고된 이후 질병과 관련된 여러 가지 연구가 활발히 진행중이다. 식품 중의 비타민 A는 보통 식물의 색소 즉 베타카로틴 혹은 프로비타민 A로 알려지고 있다. 베타카로틴은 시각, 성장, 세포분열 및 증식 면역 체계의 보존에 매우 중요한 역할을 하는 영양소이다. 베타카로틴의 주요 결핍 임상 증세는 정도에 따라 야맹증과 각막 건조증이 나타난다.

18. 벼 락

벼락은 한여름의 심한 상승 기류로 적란운이 발생함에 따라서 일어난다. 이것을 열뢰(熱雷)라고 하는데 그 밖에 불연속선뢰라 하여 찬 기류와 따뜻한 기류가 충돌할 때 따뜻한 기류가 찬 기류를 타고 올라 상승하고, 그 경계선을 따라 구름을 발생시켜 비를 내리게 할 때 일어나는 벼락도 있다.

벼락이 구름에 모인 정전기라는 사실은 18세기 프랭클린이 연을 날려 알아냈다. 그러나 이것은 매우 위험한 실험이었다. 번개와 천둥을 불러일으키는 방전 때는 한 번에 1백억 칼로리의 열량이 발생한다. 흐르는 전류는 순간이지만 수십만 암페어나 되기 때문에 벼락을 맞으면 불이 나고, 사람도 화상을 입거나 목숨을 잃는다. 벼락은 대부분 구름과 구름 사이의 방전이고, 지상으로 방전하는 것은 열 번에 한 번 정도이다. 그것도 집이나 사람에게 떨어지는 확률은 극히 적다.

알기 쉬운

19. 별

밤하늘을 보면 마치 은가루를 뿌려놓은 듯 반짝이고 있다. 그 저 아름답기만 한 이 별들을 관찰하는 사람이 있었다. 약 2백여 년 전, 영국 런던에 살았던 독일 태생의 윌리엄 하셀이라는 음악가다. 하셀과 캐로린 형제는 무명의 음악가로서 밤마다 음악을 연주하여 생활비를 벌었으며 깊은 밤중까지 별에 대한 연구를 계속했다. 하셀은 자신이 새로 발견한 별에 대해 1781년 3월, 유명한 학자들이 모이는 '왕립학회'에 보고했다.

그는 자신이 발견한 별의 이름을 천왕성으로 바꾸었으며, 성운 찾기를 시작하여 1802년까지 약 2500개 정도의 성운을 발견했다. 뿐만 아니라 성운의 여러 가지 모양과 은하도 발견했다. 그의 연구는 아들 존 하셀에까지 이어져 5000개를 넘는 성운을 발견했고, 이 연구는 천문학상의 초석이 되었다.

20. 보 석

광물 중에서 왜 특별한 돌만이 보석으로서 귀중품 취급을 받는 것일까? 대개의 보석은 산출이 매우 희귀하여 희소가치 때문에 귀하게 여겨지는 것이며, 동시에 아름다워야 한다. 대부분의 경우 이것은 매우 단단하여 반지로 사용하더라도 흠집이 생기거나 닳지 않아야 한다는 조건이 요구된다. 다이아몬드, 루비, 사파이어, 에메랄드 등의 보석들도 이 같은 자격을 갖추고 있다. 보석류는 광물학적으로는 특별히 진기한 것은 아니고, 그 속의 화학성분도 특수한 것은 없다. 다이아몬드는 결정성 탄소이고, 루비, 사파이어는 산화알루미늄의 크랜덤이며 에메랄드는 베릴륨이 함유된

'녹주석'이다. 즉 흔한 광물 중에서 특별히 아름다운 것일 뿐이다.
보석이 되는 돌의 종류는 많아 앞서 언급한 것 외에도 가네트, 전
기석, 비취, 곡수정, 토파즈, 흑요석, 오팔, 터키석 등 여러 가지
가 있다.

21. 복어의 독

복어의 독은 천하 일품으로 알려져 있지만 먹어서 좋은지는
의문이다. 아마 복어고기 속에 소량으로 남아있는 독 '테트로도톡
신'의 마취작용이 식욕을 자극하는 것인지도 모를 일이다. 복어
독은 난소에 가장 많고, 내장에도 포함되어 있어 복요리는 내장을
빼고, 혈액을 완전히 제거한 후 사용한다. 복요리를 즐기는 사람
중에는 약간의 독이 남아 있게 하여 맛을 음미하기도 한다지만 복
어 독에 중독되면 호흡중추가 마비되어 목숨을 잃는 수도 있다.
복어 독인 테트로도톡신은 극소량일 경우 신경통 약으로 효과가
있는데 이것은 독의 마비작용 때문이다. 신경통 때문에 복어의 독
을 이용한 사람에게 느낌을 물었더니 "통증은 그치지만 기분이 멍
해져 별로 유쾌하지 않았다"고 하였다. 그렇다면 복어의 뛰어난
맛은 맛 그 자체인지도 모른다.

22. 부영양화

지구상의 생물은 여러 가지 종(種) 간의 균형에 의해 생존한
다. 그렇지만 인간의 활동은 이 균형을 파괴하는 작용을 한다. 예
를 들면 인간이 만든 화학비료와 세제에는 질산염과 같이 인산염
이 들어 있는데 사용 후 하수에 버린다. 이것이 폐쇄된 호수 등에

알기 쉬운

유입되면 여러 종류의 박테리아가 이상증식하게 된다. 박테리아는 물에 녹아 있는 산소를 빠르게 소비하고 그 결과 물의 산소 함유량이 낮아져 그 곳에 살던 어패류 등 동물은 질식사한다. 그렇게 되면 결국 박테리아도 죽게 된다. 조류는 식물이기 때문에 산소가 없어도 잘 번식하지만 이 조류가 죽은 뒤 이것을 분해할 박테리아가 없어 녹색 부유물이 되어 물 위로 떠오른다. 이렇게 영양염류가 증가하는 과정에서 선점하는 종의 생물이 대량으로 발생했다가 나중에는 전부 혹은 거의 사멸되는 것을 부영양화라고 부른다.

23. 분 광 기

햇빛을 유리 프리즘을 통해 굴절시키면 빛은 7가지 무지개색으로 나누어진다. 이는 빛의 파장에 따라 유리의 굴절률이 다르기 때문이다. 따라서 여러 가지 파장이 섞인 빛을 프리즘으로 나누면 섞여진 빛의 성분을 하나하나 분리할 수 있다. 이러한 일을 하는 장치를 분광기(分光器), 스펙트로미터라고 하는데 이것은 여러 가지 분석에 이용되어 오늘날의 과학을 크게 발달시켰다.

높은 온도에서 각 원소와 원자는 독특한 파장의 빛을 낸다. 석쇠 위에서 바닷고기를 구우면 노란 불꽃이 타오른다. 이것은 식염인 나트륨의 색이고, 전철의 집전기가 전선의 이음새 부위에서 파란빛을 내는 것은 구리의 스펙트럼, 폭죽의 적색섬광은 스트론튬이다. 이처럼 어느 원소나 제각기 파장의 빛을 갖고 있고, 하늘의 별까지 빛을 분광기로 나누어보아 그 속의 원소를 알 수 있다.

24. 분뇨 처리

여기서 말하는 처리란 분뇨에 포함되어 있는 병원균과 기생충 알을 죽여 해롭지 않게 하며, 나아가서는 미생물의 작용과 화학작용을 응용하여 분해, 청정화시키는 과학적 처리를 뜻한다. 그러나 하루에 배설되는 분뇨의 총량은 엄청나기 때문에 아무리 과학적 처리라고 해도 간단한 문제는 아니다. 게다가 농촌의 비료로 사용되는 것이 적지 않고, 상당량은 그대로 바다 속에 버려지기 때문에 지금도 이질이나 회충으로 고심하게 되는 것이다. 이 막대한 양의 분뇨처리를 위해 나온 것이 미생물에 의한 처리법으로 '활성오니법'이 있다. 하수조에 공기를 불어 넣어두면 호기성 박테리아가 번식하여 오물을 분해시키고 침전물을 생성한다. 이 침전물을 활성오니라 하는데 이것을 오수에 첨가하여 분해를 촉진시키는 것이다. 클로렐라를 분뇨 속에 번식시켜 처리하는 방법도 있다.

25. 분 자

분자의 크기는 어느 정도일까? 보통 현미경으로는 볼 수 없고 전자현미경도 특별한 거대분자라야 간신히 볼 수 있을 정도이다. 그런데 누구든지 할 수 있는 분자의 크기 측정법이 있다. 물론 어떠한 종류의 분자나 모두 가능한 것은 아니지만, 기름의 분자 크기라면 간단하다. 먼저 사각의 사진 현상용 그릇, 도시락 뚜껑 같은 것에 물을 넘치지 않을 정도로 담는다. 그 위에 하나의 유리봉을 걸쳐놓아 수면을 둘로 갈라놓고 한쪽에 정확하게 체적을 잰 기름을 한 방울 떨어뜨린다. 기름은 구획된 한쪽 면의 수면 전체로 퍼지게 되는데 유리 봉을 수평으로 움직이며 기름이 떠있는 수

알기 쉬운

면을 넓힌다. 기름은 단분자막이 될 때까지 확산되는데 유막의 두께를 확산 면적으로 나누면 기름분자의 지름을 계산할 수 있다. 이런 방법으로 측정한 분자의 크기는 100만분의 1㎜ 정도이다.

26. 분자생물학

생물학적 현상을 분자 수준에서 이해하는 학문을 총칭해서 분자생물학이라 한다. 그러나 생명현상을 분자 수준에서 이해하려는 생화학과의 구별을 위해 유전자의 구조와 기능을 분자 수준에서 연구하는 현대 생명과학의 중심 분야로 정의하고 있으며, 유전자의 전사, 번역, 복제, 재조합 및 전파 등을 포함하고 있어 분자유전학이라고도 한다.

초기 유전학은 1865년 멘델이 유전법칙을 발견한 것으로부터 시작되었다.

1953년 왓슨과 크릭에 의해 유전물질인 DNA가 이중나선 구조를 하고 있다는 사실이 밝혀진 후, 분자생물학의 중심 개념이 여러 학자의 연구로 밝혀졌다. 1950년대 이후 분자생물학은 급속도로 발전하게 되었고, 우리 나라에는 30여 년이 지난 1980년대에 유전공학이라는 이름으로 들어오게 되었다. 분자생물학의 발달은 유전 연구를 새로운 방향으로 개편했다.

27. 불연속선

1851년 미국의 동물학자 아가시 교수의 조수로 일하던 블라우지우스는 바다 낚시를 하러 나갔다. 때마침 태풍을 만나 천기의 변화를 관찰하게 되었다. 지구의 주위에는 몇 가지 종류의 공기의 흐름이 있다는 것을 발견하고 블라우지우스는 그의 연구 결과를 신문, 잡지 등에 연속적으로 발표했다. 그의 논문들은 유럽 학자들의 관심을 모았다. 그의 연구를 토대로 영국의 글레이셔, 독일의 헬름홀즈의 연구를 거치면서 새로운 연구 결과가 발표되었다.

공기흐름의 속도나 온도는 서로 성질이 다른 동시에 서로 다른 층의 공기와는 섞이지 않기 때문에 인접해 있는 공기흐름 사이에 뚜렷한 경계를 만들어 불연속면이 이루어진다. 이 불연속면과 맞닿아 선처럼 이루어지는 것을 불연속선이라 하는데 이런 연구 결과는 일기예보의 기초가 되었다.

28. 불쾌지수

동남아지역을 여행하다 보면 기온 40℃, 습도 98%의 기후 환경을 접하게 된다. 익숙치 않은 여행객들은 곤욕을 치르는데 온도보다는 습도 탓이다. 섭씨 40℃라고 해도 공기만 건조하다면 별로 덥지 않다. 이집트의 아스완지방은 기온이 50℃를 넘어도 비가 내리지 않아 그늘에 들어가면 더위를 별로 느끼지 못한다고 한다. 반면 일본의 여름은 기온이 낮아도 사우나탕에 들어간 것처럼 견디기 힘든 기후로 정평이 나 있다. 기온이 높아도 공기가 건조하면 피부에서 땀이 나오면서 체온이 차가워져 더위를 심하게 느끼지 않는다. 반대로 습도가 높으면 땀이 증발되지 않아 체온이 축적되어 불쾌감을 느낀다.

따라서 추운지 더운지를 온도계가 가리키는 온도만으로 판정하는 것은 부적당하다. 기온과 습도 양쪽을 기준으로 한 불쾌지수라는 수치가 등장한 것은 이런 이유에서다.

알기 쉬운

29. 불확정성 원리

1900년 독일의 물리학자 플랑크는 에너지가 작은 알맹이로서 존재하고 있다는 사실을 밝혀냈다. 그 작은 각각의 알맹이는 양자로 불리어졌고, 이 이름은 1905년 아인슈타인이 최초로 소개했다. 한 개의 양자가 갖는 에너지의 양은 그 에너지에 의해 만들어지는 복사의 파장으로 결정되고, 양자 1개당 에너지를 계산하려면 '플랑크 상수'라는 작은 숫자를 사용해야 한다. 그리고 과학자는 언제나 자기가 바라는 만큼 정확하게 측정할 수 있고, 불확정성은 존재하지 않을 것으로 생각해 왔다. 그런데 1927년 독일의 하이젠베르크는 이런 가정에 반론을 던졌다. 관측장치가 아무리 완전하더라고 부정확할 수밖에 없다는 것이다. 예를 들어 권투장갑을 끼고 피아노를 치는 것과 같다고 할까.

한 가지 측정의 불확정성에 다른 또 한가지 측정의 불확정성을 곱한 값은 플랑크 상수를 일정한 수로 나눈 값보다 절대 작아지지 않는 것이 불확정성의 원리이다.

30. 블랙홀

우리는 우주선의 무중력 상태를 통해 중력이 없어지면 어떻게 되는지 알고 있다. 그런데 중력이 점점 커져 극한 상태에 이르면 어떤 일이 일어날까? 그 극한 상태로서 블랙홀이라는 공간을 생각할 수 있다. 그 공간의 밀도는 너무 크기 때문에 여기에서 생기는 중력에는 어떤 힘도 대항할 수 없다. 물질은커녕 빛조차도 그 속에 빠져버리므로 어떠한 정보도 얻어낼 수 없는 것이다.

블랙홀의 존재는 아직 관측에 이르지는 못했다. 그러나 이미

발견된 '펄사'라고 부르는 규칙적인 전자파인 '펄스'를 발사하는 중
성자별이 3분의 1 정도 수축된다면 블랙홀이 될 것으로 계산되고
있다. 태양이 50억 년쯤 지나면 핵 융합 연료가 다 타버리고 수축
하여 백색 왜성 (矮星)이 된다. 그 밀도는 탁구공 정도, 질량은 코
끼리 정도가 된다. 즉 블랙홀은 작은 부피 속에 큰 질량이 집중된
천체다.

31. 비닐수지

　염화비닐계통의 플라스틱 제품은 전력이 풍부하고 석회암이
많은 나라에서 많이 생산된다. 왜냐하면 이런 곳에서는 카바이드
의 제조업이 번창하게 마련인데, 카바이드와 물로 발생시키는 아
세틸렌을 원료로 하면 비닐수지를 값싸게 만들어낼 수 있기 때문
이다. 비닐수지는 매우 다양한 용도로 쓰여지고 있는데 필름이나
판지도 만들 수 있어 과자봉투나 레인코트, 보자기, 테이블보로
유용하고 부드러운 타일, 바닥장식재, 물통 등으로 만들 수 있다.
비닐수지에는 초산비닐과 염화비닐이 있으며 이것을 서로 섞어
쓰기도 한다. 초산 속에 황산수은을 촉매로 아세틸렌을 불어넣으
면 초산비닐이 만들어진다.

　염화비닐은 초산 대신 염산과 아세틸렌으로 만든다. 초산비
닐은 초산과 아세틸렌을 반응시킨 물질 자체로는 유용하지 못하
며 이 분자를 중합시켜 고분자로 만들어야 쓰임새가 있다.

32. 비　료

　우리 나라나 유럽처럼 땅은 좁고 인구가 많은 나라에서는 같

알기 쉬운

은 땅에서 한 가지 농작물을 몇 해 동안 지어야 하고, 그렇게 되면 땅의 영양분이 줄어들기 때문에 거름을 주어야 했다. 그런데 유럽에서는 땅에 거름을 주는 일이 없이 밭의 흙에서 농작물이 잘 자라지 않게 되었다. 그러자 1840년경 독일 기센 대학의 리비히라는 화학자는 비료를 연구했다.

'식물의 영양분이 되는 것은 동식물이 썩을 때 만들어지는 것만은 아닐 거야. 탄산, 암모니아, 인산, 칼리, 물, 철 등이 필요해…….'

그 무렵 독일의 북부지방에는 모래땅이 많아서 농작물이 전혀 자라지 않고 있었다. 그런데 리비히는 그 모래땅을 열심히 파고, 비료를 써서 감자를 자라게 했다. 영국의 로우즈와 길버트가 비료에는 질소, 인산, 칼리가 제일 중요한 성분이라는 것을 밝혀냈다.

33. 비파괴 검사

병원에서 의사는 청진기로 환자의 몸 속에서 나는 소리를 들으며 진찰한다. 또 수박을 고를 때 두들겨서 소리를 들어보는데 이런 것은 검사 대상을 손상시키지 않고 내부의 상태를 알아보려는 방법의 예다. 비파괴 검사는 글자 그대로 검사 대상체를 손상시키지 않고 재료나 구조물 내의 결함, 이상을 탐지하거나 재료의 특성과 관련된 경도 화학조성 미세 구조 등을 알아내는 방법을 말한다.

미항공우주국(NASA)에서 분류한 비파괴 검사 기술은 70여 가지를 넘는데 크게 광학적 방법, 음향 및 탄성파 방법, 전자기적 방법, 투과방사선 방법, 열적 방법 등으로 초음파검사 음향 방출 시험, 타전류 검사 방사선투과 시험 등이다. 비파괴 검사 중 가장 많이 쓰이는 것은 초음파를 이용한 검사법이다. 반도체산업과 신소재 산업의 발달과 더불어 비파괴 검사에 대한 요구는 한층 더 높아지고 있다.

34. 비행기 구름

비행기 구름은 이제는 당연한 현상으로 받아들여지고 있지만, 이상한 구름이 나타난다고 생각하던 과거도 있었다. 맑게 갠 하늘에 조그만 제트기의 모습은 보이지 않고 날아가는 형적만 하얀 구름 줄기로 나타난다. 제트기 바로 뒷부분은 구름의 양도 적고 가늘지만 뒤로 가면 갈수록 점점 굵은 구름떼를 형성하고 있다. 비행기 구름은 기온이 낮은 성층권에 가까운 고도를 비행기가 날 때 배기가스를 응결핵으로 하여 수증기가 응결되면서 띠구름을 만드는 현상이다. 아마 그 곳은 공기가 맑아 수증기가 응결할 때 필요한 응결핵조차 없는 곳일 것이다.

'윌슨의 구름상자'라는 것이 있는데 이것은 비행기 구름과 비슷한 현상을 이용하여 눈에 보이지 않는 대전입자인 양자·전자·우주선 등을 찾아내는 것이다.

35. 빛의 성질

18세기 초, 빛은 무엇인가 하는 문제가 제기되기 시작했다. 영국 뉴턴의 입자설, 네덜란드 호이엔스의 파동설이 심하게 대립되기도 했다. 그러다가 19세기 영국의 토마스 영과 프랑스의 프네델이 빛은 파동이라는 것을 발표했고, 인정 받게 되었다.

20세기 초 아인슈타인은 빛의 양자성을 발표하여 빛은 파동

알기 쉬운

임과 동시에 입자로서의 성질도 갖고 있다고 주장했다. 다음으로 빛의 속도를 재는 실험을 했는데 덴마크의 레메르가 최초로 시도, 1854년 빛의 속도를 재는 데 성공한 사람은 프랑스의 푸코였다.

1880년경 미국의 마이클슨과 뉴우컴은 한층 정밀한 측정을 하여 빛은 매초 30만㎞의 속도로 달리고 있다는 것을 확인하였다. 그의 연구에 의해서 빛의 속도가 정확하게 밝혀짐과 동시에 빛보다 빠른 것은 없다는 것도 확인되었다.

36. B. H. C

살충제가 발달되면서 제2차 대전 중에 DDT라는 화합물이 등장했다. 이것이 연합군 비행기로부터 살포되자 파리, 모기가 일제히 자취를 감추었다. 사람들이 활석가루를 섞어 만든 DDT를 온 몸에 뿌려 이, 벼룩 등의 곤충류를 말살시켜 버린 것이다.

요즘 동남아시아 어디에서나 말라리아의 위협으로 인한 공포감이 줄어든 것은 세계보건기구(WHO)가 공급한 DDT 덕분일 것이다. 그러나 DDT의 사용에 따라 곤충의 저항력도 점차 강해지게 되었다. 그래서 BHC 즉, 클로로 벤젠계통의 살충제가 사용되었다. 아직까지 이것은 해충퇴치에 그다지 효력을 잃지 않고 있는 듯 하지만 벌레의 끈덕짐은 놀랄 만하다. 그러나 DDT나 BHC가 인체에 축적되면 해롭다는 사실이 알려져 오늘날에는 사용이 금지되었다.

37. VDT 증후군

정보 시대에 있어 컴퓨터의 역할은 참으로 크지만 오랫동안 컴퓨터 작업을 하면 신체적 기능 장애들이 발생하는데, 심하면 임산부는 태아가 유산되기도 한다. 컴퓨터 단말기 앞에서 발생하는 신체기능 장애의 종류와 원인은 무엇일까?

컴퓨터를 자주 이용하면 목과 어깨, 팔에 통증이 있고, 시력 저하, 두통, 위장이 더부룩한 증상까지 나타난다. 컴퓨터에 의한 장애는 전자파와 미세한 X선의 방출로 인한 것이며 정전기에 의한 피부염과 안정 피로의 증가로 일어난다. 실험에 의하면 전자파는 인체에 유도 전류를 발생시켜 생체를 교란시킨다고 한다. 이렇게 컴퓨터로 인해 발생하는 생체 장애를 'VDT 증후군'이라 부른다. 아직 VDT 증후군의 원인을 제거할 수준에 이르지는 못했지만 예방책으로는 전자파 차폐장치를 갖추고, 30㎝ 이상 간격을 두고 자세를 곧게하여 자주 휴식하는 것이 바람직하다.

알기 쉬운

1. 사파이어

축음기의 LP판에는 사파이어 침이 사용된다. 보석으로 쓰이는 작은 사파이어 침이 붙어 있어 옛날의 강침처럼 매번 교환할 필요가 없다. 사파이어는 모스경도로 9도이며, 다이아몬드 다음 가는 강도를 가진 광물이다. 그래서 정밀기계 등 마멸되면 곤란한 곳에 사용되기 때문에 공업상 중요한 의미를 갖는다.

지금은 합성하여 만들 수 있다. 성분이 산화 알루미늄의 결정이기 때문이다. 사파이어는 푸른 돌의 대표격이라 할 수 있는데 레코드 침을 보면 무색 투명한 것을 알 수 있다. 화이트 사파이어를 줄여서 그냥 사파이어라고 한 것이다. 보석에서는 화이트 사파이어란 이름으로 사용되고, 붉은 경우 루비, 다른 색을 띤 경우 모두 사파이어라 부른다. 노란색은 골든 사파이어이다. 광물학적으로는 육방정계(六方晶系)의 알루미나 결정으로서 코런덤(鋼玉石)이다.

2. 산성, 알칼리성 식품

우리 인간이 먹는 식품의 액성이란 어떤 식품을 먹었을 때 소화, 분해, 흡수되어 어떤 성질을 나타내느냐 하는 것으로써 산성, 중성 및 염기성, 즉 알칼리성으로 분류하는데 대부분 우리의 주식인 곡류나 육류 및 어류는 산성 식품에 속하고, 파 등 백합과 채소를 제외한 대부분의 채소는 칼슘, 마그네슘, 나트륨, 칼륨, 철 등의 알칼리 생성 원소를 다량 함유하고 있어 알칼리성 식품에 속한다.

우리 나라 사람들의 주식인 쌀밥은 강한 산성 식품이기 때문에 김치 등 채식 위주로 식사를 하게 되면 전체적으로 산성과 알칼리성이 균형을 이루게 된다. 산성 식품의 섭취량이 많아 체질이 산성화되면 혈액이 산성으로 기울여져서 산중독증(Acidosis)을 일으켜 여러 가지 질병을 유발시키는 원인이 된다. 일반적으로 동물성식품은 산성, 식물성 식품은 알칼리성 식품에 속하는 것으로 알려져 있다.

3. 산　소

공기 중의 약 21%가 산소이다. 사람은 산소를 얼마나 필요로 할까? 어떤 이유로 공기 중의 산소가 16% 이하가 되면 시간의 경과에 따라 죽음에 이를 수도 있고, 산소가 수 퍼센트가 되면 곧 실신한다. 화재현장의 연기에 사람이 갑자기 쓰러지는 것이 바로 이 때문이다. 그러면 산소가 너무 많으면 어떻게 될까? '산소 중독'이라는 것도 있지만 산소기류 속에서 만약 담배를 피우면 순식간에 불덩어리가 되고 말 것이다. 이런 위험 때문에 액화산소나 고압산소가스를 취급할 때는 주의를 요한다. 산소가스 속에서는 쇠가 타는 경우도 있다. 화학실험에서는 비커의 산소가스 속에서 철사가 타는 것을 볼 수 있다. 그래서 산소를 사용하는 공장에서 철관이 타서 화재가 벌어지기도 하는 것이다. 액화산소의 용도는 넓다. 발견자는 프랑스의 라부아지에이다.

4. 산소 제강

　제철소 굴뚝에서는 붉은 연기가 나온다. 석탄 연기는 검고 수증기는 하얗기 때문에 산화철의 미세한 가루가 나오는 것임은 전문가가 아니라도 알 수 있다. 선철 속의 탄소를 제거하는 것이 강철을 만드는 방법이다. 옛날 영국의 베세버는 전로(轉爐)라는 항아리처럼 생긴 화로를 만들고, 그 속에서 녹인 선철에 공기를 불어넣었다. 선철 속의 탄소를 태워 날아가게 하는 방법을 발견한 것이다. 그 후 평로법이란 제강법이 발명되었는데 이것은 선철을 녹인 뒤 거기에 쇳조각이나 철광석을 섞어 탄소분을 강철에 알맞는 비율로 조절하는 방법이다. 그러나 전로가 다시 등장했다. 이번에는 공기가 아니라 산소만 집어넣는 것이다. 그러면 탄소뿐만 아니라 인, 규소도 잘 태운다. 그리고 선철을 녹이는 열도 자급해 준다. 이렇게 산소제강이 평로법을 대신하게 되었다.

5. 상대성원리

　1905년 아인슈타인은 우주의 여러 현상을 설명하는 데 새로운 사고를 도입하였다. 우리들이 존재하는 공간은 우리가 감각적으로 이해하고 있는 3차원의 입체가 아니라 또 하나의 시간이라는 차원을 더한 '4차원'의 공간이라는 것이다. 길이, 시간도 변화하는 것이며 운동하는 물체는 속도가 빨라지면 빨라질수록 길이가 짧아지고, 그 속에서의 시간이 늦어지게 된다. 우리들이 경험하는 속도로는 알 수 없지만 빛의 속도만큼 되면 명료하게 알 수 있다. 빛의 속도와 같아졌을 때는 길이가 제로, 시간은 멈춰버리는 것이다. 질량과 에너지는 서로 변환하며 운동하는 물체는 속도가 빨라질수록 질량이 늘어난다. 이런 상대성이론으로 설명되는 법칙은 우리 일상에서는 인식할 수 없으나 은하계의 운동이나 원자력, 소립자 등과 관련된 현상에서는 분명히 나타난다.

6. 색채 조절

컬러 컨디셔닝, 줄여서 '컬리컨'이라고 부르기도 한다. 색채는 우리의 시각을 자극하고 심리작용에도 많은 영향을 미친다. 그 작용은 색의 종류에 따라 다르다. 색을 교묘하게 사용하면 위험을 방지하고, 신경을 안정시키거나 구매욕을 부추길 수 있다. 또한 공장의 작업 능률을 올리거나 피로를 방지하는 등 여러 가지 분야에 효과적으로 사용할 수 있다.

공장에 가면 기계가 녹색으로 칠해져 있는데 신경을 안정시키고, 사고 방지에 효과가 있기 때문일 것이다. 또 사고 방지를 위한 노란색이 있는데 눈에 쉽게 띄기 때문에 어린이 보호차량 등에 사용한다. 식당차의 내부를 담청색으로 칠한다면 승객의 마음을 안정시켜 오래 앉아 있게 함으로 손님의 회전 능률이 떨어질 것이다. 식욕 증진을 유도하는 것은 오렌지색이다. 빨강, 보라, 핑크 등도 독자적인 심리작용이 있다.

7. 생명공학

생명공학은 좁게는 유전공학을 산업에 이용하는 기술, 넓게는 생물의 기능을 산업에 이용하는 기술이라고 표현할 수 있다. 생물의 기능이란 생물이 갖는 유전, 번식, 성장, 자기제어, 물질대사, 정보 인식·처리 등을 의미한다. 현재의 생명공학은 오랜

알기 쉬운

역사를 가진 종래의 발효식품 제조 기술이나 식량 작물과 가축의 육종 기술과 구별하여 1972년부터 개발되기 시작한 유전자 조작 기술을 중심으로 하는 신생명공학을 의미한다. 기본적인 핵심 기술로는 유전자 재조합, 세포융합, 핵치환, 동식물 세포배양, 단백질공학, 생물 공정 기술 등을 포함한다.

생명공학은 Bio 기술과 같은 뜻으로 쓰이며, 생물체 또는 생물체의 기능을 활용하여 유용한 물자를 생산하는 산업을 의미하는 생물 산업도 Bio 산업이라고 불리어지고, 여기에 따라서 상품 등의 개발과 함께 급속히 발전하고 있다.

8. 생물 발생

17세기 영국의 하비는 어미사슴의 뱃속에서 새끼가 자라는 상태와 달걀 속에서 병아리가 발생하는 상태를 조사하다가 아주 닮은 것을 발견했다. 그래서 1651년 「동물의 발생에 대하여」라는 책을 써서 난원설을 주장했다. 네덜란드의 루드비히와 함은 동물 수컷의 생식세포인 정자를 발견했다. 18세기 독일의 켈로이타는 담배의 꽃을 교배시켜 잡종을 만들었는데 그것은 양친의 모습을 절반씩 닮고 있어 정자원설을 주장했다. 19세기 독일의 폰 베어는 난세포에 관한 연구를 모아 발표했다. 1899년 미국의 로에브가 하등생물은 암수의 구별이 없고, 수정에 의하지 않은 채 발생하고, 암수의 구별이 있는 생물이라도 수정 없이 인공적으로 알에서 발생시킬 수 있다는 것을 입증했다. 그러나 지구상에서 최초로 생긴 생물은 생명의 수수께끼이다.

9. 생물 산업

생물 산업이란 미생물을 포함한 생물에서 생명체의 기능과 정보를 활용하고, 생명체를 구성하는 유용물질을 이용하여 최종적으로 인류의 삶을 질적으로 향상할 수 있는 산업을 총칭하며, 일반적으로 생명공학 기술을 바탕으로 하여 인류에게 필요한 유용물질과 서비스를 생산하는 산업을 말한다. 인간의 삶 자체를 다룬다는 측면에서 산업 전반에 미칠 영향은 광범위하고 크다.

1970년대 초 유전자 조작 기술의 개발은 신생명공학을 탄생시켰다. 1982년에 유전자 재조합 기술을 이용하여 사람 인슐린을 대량으로 값싸게 생산하게 되어 당뇨병 치료에 많은 공헌을 하였다. 신생명공학의 첫 번째 제품은 인슐린을 시작으로 새로운 생물 산업이 모든 사람에게 관심의 대상이 되었고, 우리 나라에서는 한국생명공학연구조합이 설립되었다. 현재 생물 산업은 의약분야가 절반이 넘는 시장 규모를 차지한다.

10. 생물 정보학

생물정보학은 컴퓨터에서 소프트웨어, 데이터베이스, 네트워크를 이용하여 유전자가 암호하는 단백질의 구조, 기능 등 유전자 정보를 도출하고 분석하며, 저장하는 생물학과 컴퓨터 기술이 합하여진 기술 및 학문이다.

단일 A.T.G.C. 염기로 이루어진 인간 유전자 정보의 크기는 디스켓 2천 개 이상의 용량에 해당한다. 과학자들은 이 외에도 언제, 어느 때 특정 유전자가 발현하는지 등의 새로운 정보와 초파리, 쥐 등의 모델로 사용되는 생명체의 유전 정보들을 지속적으로 생산하여 생물정보의 양을 늘려가기 때문에 셀레라사의 부사장인 진 마이어의 "생물정보학은 정보의 바다"라는 표현은 현재의 상태를 잘 대변해주고 있다. 1993년 필라델피아의 연구팀은 골암세포에서 추출한 유전자를 휴먼게놈 연구팀에 의뢰했고, 이들은 컴퓨터로 과다 유전자의 효소가 뼈에 암을 유발시키는 것을 밝혀내는 개가를 올리기도 했다.

11. 생체공학

생체공학은 생명체에 관한 이해가 요구되는 문제를 해결하기 위해 기존의 공학 또는 의학 분야에 새로운 지식이나 첨단기술을 제공하는 학문을 말한다. 생체공학은 생리학, 조직공학, 인공장기, 생체재료, X-레이나 컴퓨터 단층촬영(CT) 등과 같은 인체 이미징, 인체신호감지 등의 기술이 포함된다. 생체공학은 다양한 첨단 기술이 융합된 새로운 형태의 기술복합체로 비교적 짧은 역사와 낮은 인지도 때문에 우리 나라에서는 그 개념이 제대로 알려져 있지 않다.

생체공학은 정보통신 및 과학 기술의 발달로 눈부시게 발전하고 있고, 컴퓨터 및 정보처리 기술을 바탕으로 한 의료정보기술이 발전되면서 질병 진단에 많은 도움을 주고 있다. 인간의 복지, 건강에의 관심이 높아질수록 생체의료공학의 발전은 획기적으로 계속될 전망이다.

12. 석기 시대

　석기 시대는 인류의 역사와 함께 시작되고 있기 때문에 수십만 년의 역사를 갖고 있는 셈이다. 그러나 그 문화는 시대에 따라 상당히 달라서 석기 시대도 구석기 시대와 신석기 시대로 나누고 있다. 구석기 시대는 크로마뇽인과 함께 빙하기 말경까지로, 3만 5000년 전부터 신석기 시대에 들어가는 것이다. 신석기 시대의 인류는 현재의 우리와 같은 부류이며, 고도의 문명을 가지고 있어 직물을 만들고 점토를 구워 토기를 만들었다. 그들은 활과 화살을 만들어 날아가는 새나 짐승을 잡는 방법도 알고 있었기 때문에 돌화살은 신석기 시대의 것으로서 그렇게 오래된 것은 아니다. 토기도 역시 신석기 시대의 것이다. 아마존의 오지에서는 아직도 석기를 쓰고 있다. 석기 시대의 발견은 우리 인류의 역사를 거슬러 올라가게 하며 많은 상상을 하게 한다.

13. 석　유

　석유의 발견은 우리 인류에게 에너지 혁명사를 쓰게 했다. 지금은 석유 만능 시대로서 석유가 없다면 당장이라도 큰일이 날 것처럼 법석을 피우겠지만, 이 석유의 수명이 앞으로 30년 정도라고 한다. 현재 전 세계의 석유 매장량은 1천억 톤 남짓인데 매년 40억 톤 이상의 석유가 소비되고 있기 때문이다. 물론 새 유전의 발견으로 매장량은 늘겠지만 소비도 큰 폭으로 늘고 있어 그 수명이 늘어날 가능성은 별로 없다. 그래서 대체 에너지를 개발 중이고, 석탄을 이용하여 석유를 만드는 방법도 연구되고 있다.

　유전에서 생산되는 석유를 원유라 하는데 유분, 파라핀, 나프텐, 방향족 등과 여러 가지 탄화수소의 혼합물이다. 그러므로 석유 제품을 만드는 데는 원유를 처리·정제해야 한다. 증류하여 나프타, 등유, 경유, 중유 등으로 나누고, 나프타분은 가솔린을 제조하게된다.

14. 석 탄

석탄을 현미경으로 보면 식물로 만들어져 있음을 쉽게 알 수 있다. 옛날 석탄학자인 포트니에가 "석탄은 태고의 식물이 변화되어 만들어진 것"이라고 처음 말했을 때, 그 주장은 '신이 천지 창조할 때 만물을 만들었다'는 신학의 교리에 어긋나기 때문에 "노아의 홍수로 퇴적한 목재가 변질된 것"이라는 타협설을 주장한 학자도 있었다고 한다.

석탄은 식물의 화석이라고 할 수 있으므로 석유와 함께 '화석연료'라고 불린다. 식물은 수억 년 전부터 끊임없이 변화하고 있고, 흙 속에 묻히고 나서 지금까지의 연대도 각각이므로 석탄의 종류도 여러 가지이다. 이탄·아탄·갈탄·역청탄·무연탄 등은 타는 성질이 있다는 공통점을 제외하면 상당히 다르다. 이 중 가장 중요한 것이 '역청탄'으로 주로 석탄을 가리키며 양적으로나 질적으로 제철공업 등에 특히 중요한 석탄이다.

15. 선형 가속기

1930년 이후 물리학자는 하전입자를 고에너지까지 계속하는 장치는 만들었다. 에너지가 높으면 높을수록 효과적으로 원자핵에 입자를 부딪치게 해서 원자핵 구조에 관한 많은 지식을 얻을 수 있다. 선형 가속기는 1931년에 창안되었지만 기술적으로 곤란한 문제에 부딪쳐 그다지 사용되지 않았다.

그러나 이 방식은 그 나름대로 이점이 있다. 하전입자가 원운동을 하려면 끊임없이 진행 방향을 변화시켜야 하며 이 때문에 에너지가 사용된다. 그에 비해 곧장 달리는 선형 가속기에서는 전자의 방향 전환을 위한 에너지를 필요로 하지 않는다. 최근 전기장을 크게 변화시키는 기술이 계속 진보해왔고, 지금까지 밝혀지지 않은 고에너지를 가진 전자를 만들어내기 위해서 대형의 선형 가속기를 건설할 필요가 절실해졌다.

16. 성 운

영국의 유명한 천문학자 프레드 호일은 「암흑성운」이라는 과학 소설을 썼다. 고도의 지능을 가진 암흑성운이 태양의 에너지를 먹기 위해서 태양계에 침입해온다는 공상적 이야기이다. 암흑성운이란 은하수 안의 검은 부분도 그렇지만 일종의 가스나 미립자 집단이라고 상상할 수 있다. 이러한 성운은 우리 태양계가 소속되어 있는 은하계 우주 속에 존재한다. 망원경으로 하늘을 관찰하면 안드로메다좌라든가 카시오페이아좌 등에 소용돌이 모양의 빛나는 구름 같은 것을 볼 수 있는데 거리가 멀어 개개의 별로는 분해할 수 없다. 그래서 성운이라 부르게 되었다. 그 빛을 스펙트럼으로 분석해보면 속에는 가스 모양, 빛나는 항성 등으로 존재한다. 이런 성운은 도처에 존재하며, 하나 하나가 우리 은하계 우주와 같은 '은하'인 것이다.

17. 성 층 권

20세기 기상학은 성층권의 발견에서부터 시작되며, 이 성층권의 발견은 1902년 프랑스의 디스랑 폴에 의해 이루어졌다. 그의 발견에 의하면 기온은 높이 올라갈수록 내려가나 내려가는 정도는 높이 올라갈수록 크다. 그러나 11㎞를 지나면 기온이 거의 내려가지 않는다. 이리하여 대기의 대류권 상층에는 온도의 변화가 없는 성층권이 있다는 것을 발견하게 된 것이다. 우리 인간은 보통 지면에서 겨우 몇 미터의 대기 안에서 생활한다. 비행기는 지상 10㎞ 이하에서 날고 있는 것이 보통이고, 특별한 경우 15㎞ 전후에서 비행한다. 대기의 성질은 높이에 따라 여러 층으로 구별되는데, 지표에서 10㎞ 정도의 공간을 대류권이라 한다. 성층권은 10~30㎞ 정도의 공간을 말하며 높이에 관계없이 기온은 일정하고 날씨는 언제나 맑다.

18. 세 균

1670년부터 1680년까지 네덜란드의 레벤후크는 현미경으로 여러 가지를 관찰했는데 시궁창 같은 곳에서 우글거리는 생물들을 발견했다. 그는 그 작은 생물이 모든 곳에 있으며 종류가 많다는 것을 확인했으나 어디에서 오는지 어떻게 생기는지는 알 수 없었다. 그래서 18세기까지 모든 사람들은 미생물의 자연발생설을 믿고 있었다.

19세기 중엽에 프랑스의 파스퇴르는 알코올의 발효가 효모의 작용이라는 것과 포도주나 우유가 시어지는 것은 유산균의 작용이라는 것을 확인했다. 그는 효모나 유산균이 자연발생설이 아니라는 것을 증명하기 위해 실험했다. 그는 여러 가지 실험을 되풀이한 끝에 공기 속에는 세균이 많아 그것이 스프에 들어가면 세포 분열을 일으켜 썩게 하는 것이라는 실험 결과를 발표했다. 파스퇴르의 발견에 의해 병의 원인도 세균임이 밝혀진 것이다.

19. 세라믹스

세라믹스는 '금속과 고분자 이외의 모든 재료'라고 정의된다. 점토는 인류 역사상 최초의 가공된 세라믹스였다. 세라믹스는 점토와 같은 천연재료 외에도 유리, 결정유리, 단결정, 미결정의 집합체 혹은 이들의 조합과 같은 각종 형태의 재료로 만들어진다. 최근에는 아파타이트(Apartite)라는 세라믹 재료가 발견되었는데 이것은 인체의 뼈와 치아의 물리 화학적인 구조와 동일한 구조로 뼈에 심으면 인공 뼈와 생채 뼈 사이에 치환반응이 일어나 원래의 뼈와 같아지는 등 생체 친화성이 있다. 이것에서 바이오 세라믹스 즉 생체요업체라는 신조어가 탄생되었다.

미국의 MIT에서는 지름 1미크론 이하의 입자 지름을 가진 이산화티타늄을 용액으로부터 석출시키는 방법으로 고강도 고인성의 세라믹스를 개발했다. 세라믹스의 재료는 지구상에서 가장 풍부한 원소군이다.

20. 세 포

세포 중에서 가장 적은 것은 박테리아의 세포로 0.2미크론 정도이다. 1미크론은 1㎜의 1000분의 1이다. 반대로 가장 큰 세포는 지름이 75㎜이다. 타조 알의 노른자가 그것인데, 실은 노른자의

알기 쉬운

대부분은 새끼가 성장하는 데 필요한 사료이므로 살아있는 세포
는 현미경적 크기에 지나지 않을 것이다. 결국 생물세포의 평균
크기는 지름 100분의 1㎜가 된다. 발견자는 1665년 영국의 로버트
후크다.

생물체는 모두 세포라 불리는 기초적인 단위 구조물로 만들
어져 있다. 그것은 눈에 보이지 않을 정도로 작고, 생물체 조직
의 성질이 한 개의 세포에까지 그대로 내포되어 있다는 점에서
'생물학적 원자'라 불러도 좋을 것이다. 무기물이든 생물이든 모
두가 작은 기초 입자의 집합이라는 사실이다. 원자는 분열하면
다른 원자가 되기 때문에 번식하지 않으나 생물의 세포는 성장,
분열, 번식한다.

21. 세포 배양

세포배양은 동·식물체에서 분리한 세포를 생체 내에서와 가
장 유사한 조건을 인위적으로 조성하여 배양하는 기술로, 21세기
생명공학 발전의 기본 축을 구성하는 세포배양 기술은 식물 조직
배양과 동물 세포배양으로 크게 나눌 수 있다.

식물 세포배양은 식물 조직 배양의 한 분야로 식물 특유의 유
용한 이차 대사 산물을 생산할 때 기후 등 외부 조건과 계절에 상
관없이 균일한 품질을 얻을 수 있으며 세포의 증식속도가 빨라 신
속히 생산할 수 있다. 이런 장점을 지닌 식물 세포배양은 1983년
일본 Mitsui 석유 화학에 의해 Shikonin이 처음으로 상업화하면서
보편적인 기술이 되어가고 있다.

동물 세포배양 기술은 20세기 초에 처음 시도된 후, 개량되어

현재는 아미노산류, 비타민류, 염류, 에너지원 등을 포함하는 합성배지에 10% 가량의 소의 태아 혈청을 첨가하는 배양액을 사용하기에 이르렀다.

22. 세포융합

1997년 영국의 로플린 연구소에서 탄생시킨 복제양 둘리 이후 유전자 조작에 의한 동물 복제와 이런 기술을 가능케 한 세포융합 기술에 관심이 모아지고 있다.

세포융합법은 두 개의 다른 세포를 융합시켜 각각의 다른 기능을 가진 새로운 세포를 인위적으로 만드는 기술로, 화학물질인 피이지(PEG)를 이용하거나 전기융합법 또는 최근의 복제동물 생산에 이용되는 핵치완법 등이 있다. 세포융합으로 전통적인 방법은 난자와 정자가 합체된 수정란에서 가져온 핵을 사용하는 방법이고, 최근의 둘리 등의 복제동물 방식인 체세포를 이용하는 방법이 있다. 또 단일 클론성 항체의 생산도 각광을 받는 세포융합 기술로, 암세포인 골수종세포와 항체 생산 세포를 융합시켜 잡종세포를 만들고 이 세포로 하여금 지속적으로 단일 항체를 생산해내게 하는 것이다. 세포융합 기술은 미래 생명공학을 주도할 기술로 성장하고 있다.

23. 소 닉 붐

대기 중을 비행하는 항공기는 공기분자를 밀어내면서 나아간다. 공기 중을 이동하는 소리의 속도는 공기분자의 자연 운동으로 결정된다. 음속은 시속 약 1200㎞로 그보다 늦은 속도를 이음속,

알기 쉬운

빠른 속도를 초음속이라 한다. 초기의 항공기는 높은 압력에 견디도록 설계되어 있지 않았기 때문에 이 압력에 견디는 데까지가 항공기 속도의 한계라고 생각했다. 그러나 엄밀하게 설계된 항공기로 미국비행사 C. E. 예가는 1947년 10월 14일, 음속보다 빨리 나는 위업을 이루었다. 만일 초음속으로 비행하면 항공기는 압력의 영역을 뒤에 남기게 된다. 항공기가 지상에 가까워지면 기수는 아래로 향해지고, 고압력의 영역은 거대한 음파와 같이 아래 방향으로 이동하여 이 영역이 퍼지기 전에 지상에 도달해 버리는데 이것이 '소닉붐'으로 아주 큰 소리를 낸다.

24. 소　독

'소독'이란 병원균을 죽인다는 말일 뿐이다. 그러므로 소독이란 박테리아 등이 알려지기 이전에 만들어진 말이라는 느낌이 든다. 실제로 옛날에는 소주로 상처를 씻어내기도 했는데, 세균의 존재가 알려지지 않았으므로 독을 없앤다고 생각했던 것도 무리는 아니다. 병원균은 파스퇴르 등에 의해 발견되어 열기 소독을 '파스퇴라이제이션'이라고 한다. 파스퇴르가 '끓이면 모든 박테리아가 죽는다'는 사실을 밝혀낸 것은 인류에게 엄청난 공헌이다. 어떤 미생물도 100℃에서 금방 죽어버리므로 끓인 것만 먹으면 콜레라나 이질에 걸릴 일이 없을 것이다. 열기 소독이 불가능할 때는 어떻게 하는 것이 좋을까?

석탄산수용액, 크레졸비누수용액, 승홍수를 쓰면 된다. 상처에는 과산화수소, 이불이나 옷가지는 일광 소독으로 자외선의 살균력을 이용한다.

25. 소 립 자

만물은 최소의 기초 입자인 원자로 이루어져 있고, 원자는 원자핵이라는 입자와 그 주변을 돌고 있는 더욱 미세한 입자인 전자로 되어 있다. 원자핵은 분해하면 양자와 중성자라는 입자로 가득차 있다. 그래서 만물의 근원은 양자와 중성자와 전자라 일컬어지게 되었다. 그 후 일본의 유카와 히데키에 의한 양자와 전자의 중간 정도 크기인 중간자라는 입자의 존재도 밝혀졌다. 이렇게 해서 양자·중성자·중간자·전자로 총칭하여 만물의 근원인 기초 입자라는 뜻으로 소립자라고 부르게 된 것이다.

그런데 중간자에는 여러 가지가 있고, 중성미자라 해서 에너지는 갖지만 질량이 거의 느껴지지 않는 초미립자가 있어 추가되었고, 보통의 전자가 음전하를 갖는 데 대해 양전하를 갖는 전자가 발견되어 양전하, 그에 대응하는 음전하를 가진 양자 즉 반양자도 확인되었다.

26. 소화작용의 비밀

러시아에서 목사의 아들로 태어난 이반 파브로프는 생물학과 학생으로서 죽은 개구리를 대상으로 교수와 함께 반사작용에 대한 실험을 하게 되었다.

개구리가 뇌 없이도 자극에 의해 반사 운동을 한다는 실험은 그에게 매우 충격적인 일로서 위나 장에서 일어나는 소화에도 신경이 관계한다고 생각했다. 그러다가 파브로프는 개를 대상으로 실험을 계속하여 음식물이 위에 들어가지 않았으나 위액이 분비되는 것을 관찰하였다. 그는 곧 뇌에서 뻗어나가는 많은 신경 중

알기 쉬운

에서 어떤 것이 위액의 분비를 명령하는 신경인가를 밝혀냈다. 그리고 개가 입 속에 먹을 것을 넣지 않았는데도, 먹이를 주는 사람의 말소리만 들어도, 벨소리만 들어도 타액이나 위액을 분비하는 것을 발견하였다. 이렇게 소화액의 분비는 신경의 반사작용에 의하며 체내 조절이 이루어짐도 밝혀냈다.

27. 수 소

무공해 에너지로서 수소 연료가 주목을 받고 있다. 수소가스의 비중은 공기를 1로 한다면 0.069이기 때문에 매우 가볍고, 풍선에 넣으면 공기의 부력에 의하여 상승한다. 옛날에는 비행선에 사용되었으나 폭발을 일으키기 쉬워 없어졌다. 지금은 우주선 측정용 기구나 상공의 기상상태를 조사하여 전파로 정보를 보내는 '라디오존데'에 이용되고 있는 정도이다. 수소가 폭발한다는 것은 수소폭탄과는 별개의 이야기이다. 공기 중의 산소와 화합하여 물이 되는 반응으로 폭발하는 것이다. 공장에서 일어나는 폭발사고 중에는 수소폭발이 가장 많다. 그러나 공장에서 폭발하는 것은 풍선용 수소가 아니라 암모니아를 합성하거나 메탄올을 합성하는데 쓰이는 원료이다. 그러한 공장용 수소는 물의 전기 분해를 통해 만들었으나, 코크스와 수증기를 만들게 되었다. 지금은 메탄이나 석유가 원료가 된다.

28. 수염결정

결정을 구성하고 있는 원자 이온 혹은 분자 등은 주기적인 원자 배열을 하고 있고, 강한 결합력을 갖고 있다. 그런데 화학자가 주기적인 원자 배열에 바탕을 두고 결정의 강도는 기대치보다 훨씬 약한 것으로 드러났다. 그래서 바깥으로부터 결정에 힘이 가해지면 배열이 규칙적인 부분보다 먼저 약한 부분이 영향을 받게 된다. 약한 부분에 한 번 균열이 생기면 그 균열은 순식간에 넓은 부위로 번져가게 된다. 그래서 결함이 없는 결정이 연구되기 시작했다. 용액이 서서히 굳어지면서 결정이 만들어질 때, 표면에 작은 바늘 모양의 결정이 생긴다. 이 결정은 그 모양을 본따서 휘스커(수염결정)라고 불려졌다.

1950년 이 수염결정은 완전한 결정이기 때문에 같은 크기의 보통 결정보다 강하다는 사실이 밝혀졌다.

29. 숙 취

술 때문에 곤욕을 치르는 사람들이 많은데, 주량에 비하여 너무 많이 마시는 탓일 것이다. 술을 많이 마신 다음날 아침에 뒷골이 땡기거나, 헛구역질, 속쓰림 등 몸상태가 전반적으로 나빠지는 현상이 일어난다. 술을 마신 다음날까지 이어지기 때문에 숙취(宿醉)라고 한다. 그러나 다음날의 취기는 같은 취기라도 알코올의 취기와는 다소 다르다. 즉 알코올의 취기보다 뒷맛이 훨씬 나쁘고, 고통스럽기 때문이다. 실제로 이튿날의 취기는 술의 주성분인 에틸알코올과는 관련이 없다. 이것은 술 속에 포함되어 있는 '퓨젤유'라는 고급 알코올의 중독 때문이다. 고급 알코올은 품질이 뛰어난 알코올을 의미하는 것이 아니다. 분자 속에 탄소 원자가 3개인 프로필 알코올, 4개인 부틸 알코올, 5개인 아밀 알코올 등을 말하는 것으로 모두 독성이 있

알기 쉬운

다. 따라서 과음은 절대 금물이다. 소주는 퓨젤유를 포함하지
않는다.

30. 스피로헤타

　매독의 병원체는 식물성 세균이 아니라 동물에 속하는 스피
로헤타이다. 단세포 동물인 스피로헤타는 사람을 포함한 동물에
기생하여 여러 가지 기분 나쁜 병을 일으킨다. 매독의 병원체인
스피로헤타, 파리다가 그 대표격이다.

　매독이란 과거에는 치료방법이 전혀 없었던 만성병이었지만
에를리히가 발명한 '살바르산'에 의하여 퇴치할 수 있게 되었다.
살바르산은 비소제로서 화학요법의 원조이다. 오늘날 매독의 스
피로헤타는 페니실린의 대량 주사로 비교적 쉽게 구제되고 있으
나, 저항력이 강한 것이 있어 적당히 치료해서는 안 된다. 스피로
헤타는 하수도의 흙 속에 있으며 '와일씨병'이라는 무서운 열병을
일으키는 것이 있다. 쥐에 물려 '서교증'이라는 열병에 걸리는 경
우도 있는데 쥐의 이빨에 묻어있는 스피로헤타 때문이다. 사람의
입 속에는 무해한 스피로헤타도 있다.

31. 시계의 파라독스

　1905년 아인슈타인의 특수 상대성이론은 질량과 길이는 절대
적인 값이 아니라 측정 대상이 되는 물체와 측정하는 장치 사이의
상대속도에 의해 결정된다는 사실을 밝혀냈다. 보통속도에서는
이러한 변화가 극히 미미하게 나타나지만 진공 속의 광속도(C)가
되면 그 변화는 대단히 크게 나타나는데, 이러한 현상이 시간에

있어서도 마찬가지로 나타난다고 했다. 시간은 정지해 있는 물체에 대해서 더 느리게 간다.

만약 A와 B가 상대적으로 초속 26만㎞의 속도로 움직이고 있다면 각각의 물체가 보기에는 서로 다른 물체상의 시계가 평소의 1/2 속도로 움직이고 있는 것처럼 보일 것이다. 그러나 시간의 흐름은 지워지지 않는 흔적을 남긴다. A와 B가 다시 만났을 때 A는 B의 시계가, B는 A의 시계가 늦춰져 있을 것이라고 기대하는 모순을 '시계의 파라독스'라고 부른다.

32. 시뮬레이터

시뮬레이터란 현실은 아니지만 거의 현실 같은 상황을 구현해내는 장비(일명 모의 구현, 가상현실 장치라 함)라고 할 수 있다. 기계 장비가 이를 구현하는 데는 다음 몇 가지 요소를 필요로 한다. 첫째, 상황을 연출하는 영상으로 이 영상을 통해 탑승자는 가상세계에 몰입할 수 있도록 한다. 둘째, 연출된 상황에서 탑승자에게 체감을 주는 모션 베이스이며 이것은 실제 현실에서 느낄 수 있는 동작들을 기계적인 자유도를 활용하여 구현하는 장비로서 구동력은 유압이나 전기 모터, 공압 등을 이용한다. 셋째, 영상과 모션을 동조시키기 위한 제어 프로그램이 필요하다. 넷째, 탑승 공간이나 전반적인 시스템에 대한 디자인 및 효율적인 통합이다.

원래 시뮬레이터는 군사 장비 훈련이나 교육용으로 개발되었으며 비행기 조종훈련 시뮬레이터가 그 대표적인 예이다.

알기 쉬운

33. 시험관 아기

시험관 아기란 자연으로 아기를 가질 수 없을 경우 부인의 몸에서 얻어낸 난자와 남편에게서 채취한 정액을 섞어 수정시킨 후, 자궁에 이식하거나 수정부위인 난관으로 이식하여 태어난 아기를 말한다. 체외에서 난자와 정자를 수정시켜 시험관 속에서 배양액으로 기르기 때문에 시험관 아기란 이름이 붙여졌지만 시험관 안에 있는 시간은 짧게는 2~3일, 길어야 7일이고 임신 기간 10달의 대부분은 어머니 뱃속에서 자라게 마련이다.

시험관 아기는 난관폐쇄, 골반유착, 난관 성형수술 실패 후 난관절제 등과 같은 난관성 불임과 자궁내막증, 인공수정에 3~5회 이상 실패한 경우, 정자 숫자의 부족, 극심한 정자형태 이상과 같은 남성 불임, 다량의 항 정자 항체가 있는 원인불명의 불임이 시술 대상이다.

1978년 7월 25일 영국의 에드워드와 스텝토 박사가 여아인 루이스 브라운을 탄생시킨 것이 효시이다.

34. 식물공장

식물공장은 1950~1960년대에 걸쳐 덴마크의 Christensen 농장과 오스트리아 Ruthner사가 태양광 이용형 시스템을 개발한 것이 최초로, 일조량이 부족한 유럽에서 시작하게 되었다.

식물공장이란 일정한 시설 내에서 온도, 수분, 영양 등의 환경제어를 실시하여 고도의 기술 집약적 관리를 수행함으로써 작물을 무생물인 공업제품과 흡사하게 생산하는 체계를 말한다. 식물공장은 햇빛 이용형태에 따라 완전제어형, 태양광 병용형 및 태양광 이용형의 세 가지 형태로 분류한다. 재배 방식은 작물의 공간 배치 방법에 따라 입체식, 평면식으로 분류되며 작물 베드의 이용 여부에 따라 이동 방식과 정치 방식으로 분류할 수 있다. 미국에서는 NASA가 중심이 되어 우주선에 식물재배를 목적으로 연구가 실시되고 있다.

35. 식이섬유

식이섬유는 사람의 체내 소화효소로는 분해되지 않아 소화되지 않는 다당류를 주체로 한 고분자화합물의 총체이다. 종류로는 난용성과 가용성 섬유가 있으며 대부분 식물성 식품에서 섭취된다. 난용성 섬유는 물과 친화력이 적어 젤 형성력이 낮으며, 배변량과 배설 속도를 증가시키는 생리작용이 있고, 대표적인 물질인 셀룰로오스는 긴 사슬형태의 다당류로서 포도당이 ß결합을 하고 있다.

가용성 섬유에는 아라비아검, 구아검, 로커스트빈검, 펙틴 등이 있으며, 샐러드 드레싱, 잼, 잴리 등에 첨가되고 과일과 채소에 들어있으며, 콩류, 쌀겨, 질경이 종자에 들어 있다. 당뇨병 환자의 식이요법에서 식이섬유는 혈당치의 과도한 상승이나 급격한 상승을 억제시키는 효과가 있음이 알려지고 있다. 현미, 두류, 대부분의 과일과 야채, 해초류 등은 식이섬유의 좋은 급원 식품이다.

36. 신기루

신기루의 '신'이란 조개 중의 대합을 말한다. 바다 속의 큰 대합이 토해내는 숨이 공중에 그림을 그리는 것으로 생각했기 때문에 해상에 나타나는 신기루에 붙어 생긴 이름이다. 사막의 대상이

알기 쉬운

오아시스를 발견하고, 그것을 따라가면 사라져 버리는 신기루의 이야기는 매우 신기하기까지 하다. 신기루는 공기의 역전층의 장난으로 아래의 무거운 공기와 위의 가벼운 공기층이 둘로 나누어져 움직이지 않을 때 경계면이 거울 역할을 하여 지상이나 수상의 풍경을 거꾸로 비추어 보여주는 것이다. 즉 굴절작용의 일종인 전반사 현상에 의해 생겨난 것이다.

여름철에 가열된 아스팔트 노면에 물웅덩이가 있어 아른거리다가 접근하면 사라지고 물웅덩이가 다시 나타나는 것도 신기루의 일종이다. 나폴레옹이 이집트 원정 때 종군한 수학자 몽주가 처음 기술했다 하여 '몽주의 현상'이라고도 한다.

37. 신틸레이션 계수관

1890년 원자보다 작은 입자가 처음 발견되었을 때 과학자들은 그것을 연구할 방법이 없어 당황했다. 게다가 빠르게 운동하므로 한 개의 입자 효과를 검출하는 것은 불가능하다고 생각했다. 그러나 1908년 러더포드와 가이거는 소립자를 충돌시켜 작은 불꽃을 렌즈를 사용하여 헤아려 중요한 정보를 얻었다. 그러다가 1940년대 영국과 독일의 물리학자들은 전자장치를 사용, 불꽃을 증폭시켜 계수관으로 감지할 수 있도록 만들었다. 이렇게 하여 불꽃의 수는 자동적으로 헤아려지게 되었는데 이 장치를 신틸레이션 계수관이라고 한다. 이 계수관의 용도는 특별하여 소립자의 형태를 쉽게 식별할 수 있고, 전하를 갖지 않는 감마선의 광자 검출에 유효하다. 또한 신틸레이션 계수관은 반응이 매우 빠르다. 10억분의 1초의 불꽃 검출도 가능하고 순간적 현상연구에도 적합하다.

38. 실리코온

'실리콘'과는 다른 것으로 '실리코온'이라고 길게 발음해야 한다. 실리콘은 수정 등 암석의 중요한 성분 원소인 '규소수지'라고 불리는 중요한 플라스틱의 일종이다. 즉 유기물이지만 그 분자 속에 무기물 성분인 규소가 들어 있는 것으로 인간이 만들어낸 화합물인 셈이다. 대부분의 플라스틱·고무·기름 등은 모두 탄소와 수소의 화합물인데 그 탄소의 일부가 규소에 의해 바뀌어진 것이 실리코온이다. 그러므로 종류도 다양하다. 대개 물과 열에 강하고 화학자극에도 잘 견딘다. 안경이나 자동차의 앞 유리가 흐려지는 것을 방지하고, 우산이나 레인코트의 방수재 등으로 사용된다. 도료에 사용하면 내화도료, 그리스나 윤활유를 만들면 열에 강하고 안전하다. 실리코온의 합성 고무는 가솔린, 액화 프로판에도 녹지 않고, 노화되지도 않는다.

39. 심전도

심장의 상태나 혈압이 이상하다면 의사는 우선 심전도를 살펴볼 것이다. 옛날에는 심장병을 맥박과 심장의 박동소리만으로 추측했었다. 그러나 요즘은 전기청진기로 고동을 정기적으로 곡선을 그리게 하여 판막증 등을 분명히 알 수 있다.

심전도를 통하면 여러 가지 심장의 병을 진단할 수 있으며 심장 상태도 쉽게 판단할 수 있다. 근육이나 신경이 활동할 때는 전기가 일어나 '동작전류'라는 미약한 전류가 흐른다. 이 전류를 측정하면 근육, 신경의 기능을 알 수 있고 심장의 움직임에 의한 동작전류를 통해 심장의 병을 판단하는 것이 심전도이다. 심장이 동

알기 쉬운

작전류 즉 심전류를 일정 시간 연속적으로 계측하여 그래프로 그리게 하고, 그 물결 형태로 심장 상태를 판단할 수 있다.

40. 쌍극자 모멘트

많은 소립자는 양 또는 음의 전하를 갖고 있다. 원자는 양의 전하를 갖는 양자와 음의 전하를 가진 전자로 이루어진다. 완전한 원자에서 이들 입자 수는 똑같다. 두 개의 같은 원자가 결합되면 이 원자는 전자를 똑같이 서로 나눈다. 그러나 서로 다른 원자가 결합하여 전자를 공유하게 되면 대개 한쪽 원자가 다른 원자보다 강하게 전자와 결합하게 된다. 그래서 음의 전하의 평균 위치가 분자의 중심에서 벗어나 강하게 결합된 원자 쪽으로 편향된다. 즉 두 전하 사이의 분리가 일어나는데 양극과 음극이고, 이 같은 분자를 쌍극자라 한다. 전기장 속에서 쌍극자는 운동을 하는데, 운동이 얼마나 잘 일어나는가 하는 것이 모멘트(movement)이다. 1912년 폴란드의 화학자 P. J. W. 디바이에 의해서 최초로 제출된 이 개념은 물과 같은 물질의 행동을 설명하는 데 도움을 주었다.

41. 쌍생성

물질은 자신의 일정한 성질이 보존될 때만 만들어질 수 있다. 에너지로부터 음전하를 가진 전자를 만들어내기 위해서는 그것과 같은 크기의 양전하를 갖는 입자도 동시에 만들어 내야 한다. 이렇게 만들어진 양전하와 음전하는 서로 상쇄되어 0이 되며, 결국 아무 것도 없는 데서 전하를 만들어내는 것은 불가능한 일이 된다.

그런데 1933년 영국 물리학자 브라킷은 고에너지의 감마양자

를 적당한 조건에서 처리하여 '전자-양전자 쌍'으로 전환시키는 데
성공했다. 이를 '쌍생성'이라 하는데 이 현상은 에너지가 물질로
전환되는 것을 보여주는 실례이다. 자장의 영향하에서 양전자는
한쪽 방향으로 휘며 전자는 다른 방향으로 휘게 되는데 이 때 양
전자와 전자는 만나자마자 서로 결합되며, 결국 이 두 입자 물질
은 다시 에너지로 전환되는 것이다. 이것이 바로 '쌍소멸'이다.

1. 아데노신 3인산

1905년 영국 화학자 하덴과 얀그는 인산과 효소 활동에 관한 연구를 하던 중 인산이 사라져버려 조사를 해본 결과 인산이 당분자와 결합했음을 밝혀냈다. 이것이 최초의 유기인산에 관한 연구다. 1941년 독일계 미국인 리프만은 어떤 종류의 인산화합물이 보통의 그것보다 다량의 에너지를 방출하는 것을 발견했다. 이것을 고에너지 인산화합물이라 한다. 고에너지 인산화합물 중 어느 물질을 말단에 있는 인산기를 여기에 결부되어 있는 분자로 옮겨 놓는 역할을 한다. 이 인산은 에너지를 필요로 하는 거의 모든 생체에 가장 중요한 것이다. 이 화학물은 1929년 독일의 K. 로만이 근육 속에서 발견하였다. 그리고 아데노신 3인산으로 명명되었다. 조직의 성분으로 잘 알려진 아데노신에 인산이 세 개 결합된 것이다. 그러나 긴 이름 대신 APT라고 약칭한다.

2. 아 메 바

머리가 나쁘다는 것을 흔히 '단세포'라는 말로 표현한다. 말그대로 뇌의 세포가 하나밖에 없다는 뜻이다. 지구상에는 단세포만으로 독립하여 생활을 영위하는 미생물이 여러 가지 있다. 그들중 단세포동물의 대표로서 가장 원시형태의 것이 아메바다. '아메

바'라고도 하는 미소한 단백질 덩어리와 같은 것인데 생명을 관장하는 세포핵을 가지고 있어 성장할 뿐만 아니라 번식도 한다. 그리고 목적물을 향해 움직일 수도 있다. 아메바가 운동할 때는 세포의 일부가 늘어나 위족(僞足)을 만들어 이동한다. 그리고 음식물에 도달하면 몸으로 그것을 감싸안아 소화시켜 버린다. 말하자면 몸의 안팎이 없는 것이다. 이런 원시적 동물의 형태는 고등동물인 인간의 몸 속에도 남아 있다. 침입한 박테리아를 먹어 병으로부터 우리를 보호하는 '백혈구'가 그것이다. 때로는 인체에 병을 일으키기도 한다.

3. 아이소토프

아이소토프라는 말은 동위원소(同位元素)라고 하여 같은 원소이기는 하지만 원자 속의 중성자의 수가 다른 것, 예를 들면 우라늄 235와 우라늄 238과 같은 것이다. 오늘날 일반인들에게 아이소토프란 '라디오 아이소토프' 즉, 방사성 동위원소를 가리키는 것이 되어 원자력 이용의 개발 이래 암의 치료에 사용되거나, 농작물의 품종개량에 이용되거나 원자 전지, 과학연구의 추적제 등에 사용되어 현대의 기술혁신에 있어서 중요한 위치를 차지한다고 생각한다. 그러므로 아이소토프는 라디오 아이소토프를 가리키는 것이라고 해서 설명하고자 한다. 의료에 사용되는 아이소토프는 코발트 60, 스트론튬 90, 공업방면에는 코발트 60, 인 32 등이다.

'죽음의 재'를 만드는 것은 스트론튬 90과 세슘 137이다. 원자번호 82 이상 되는 것은 거의 다 방사능을 가진다.

알기 쉬운

4. 아 톰

아톰은 '원자'라고 번역되는데 2300년 전 그리스의 철학자 데모크리토스가 생각해냈다. 만물은 제각기 최소의 알맹이로 이루어져 있다. 쇠, 돌, 공기도 계속해서 분할하다 보면 언젠가는 최소의 한계에 도달하게 된다. 그래서 그 상상의 작은 알맹이를 아톰이라 이름 붙였는데 '분할 불가능'이라는 의미가 있다. 오늘날에도 아톰이라는 말이 사용되나 오늘날의 아톰은 데모크리토스의 말과는 달리 이 세상의 모든 것을 구성하는 92종(인공 초우라늄원소를 넣으면 105종)의 원소 하나 하나에 대한 최소 단위입자라는 의미로 쓰여진다. 수소의 원자, 철의 원자, 우라늄의 원자 등등이 된다.

아톰은 작은 알맹이의 대명사로 사용되어 분쇄기나 분무기에 '아도마이저'라는 이름이 붙어 있으나 본래의 아톰, 즉 원자의 크기는 평균 1억분의 1㎝ 정도이다. 그리고 양자, 중성자, 전자 등의 조합이다.

5. 아플라톡신

이것은 미국 농산물 수입과 관련하여 큰 사회문제가 된 적이 있다. 발암물질인 아플라톡신이 옥수수 등 수입 농산물에서 검출된 때문이다. 호밀 등 이삭에 기생하는 균류가 있다. 균류에 감염된 호밀의 이삭은 색깔이 검게 변하고 수탉의 발톱모양으로 굽게 된다. 수탉의 발톱이란 뜻에서 따온 'ergot(맥각증)'은 이런 종류의 균류를 일컫는 말이 되었다. 맥각증을 일으키는 화합물은 균류의 독소, 마이코톡신이라는 것이다.

1960년 중증의 간질환이 유행했는데 원인은 땅콩에 사는 곰광이에 의한 것으로 밝혀졌다. 간질환을 유행시켰던 곰팡이는 아스퍼질러스 곰팡이의 일종으로 황색국균곰팡이다. 따라서 그러한 독소를 갖는 곰팡이를 황색국균 곰팡이의 A와 fla를 취해 아플라톡신 (Aflatoxin) 이라고 명명했다.

6. 안개상자

하전입자가 기체 사이를 통과할 때 부딪친 기체원자는 전자를 잃는다. 전자를 잃은 원자 (이온) 는 금속판에서 전자를 빼앗는다. 이런 원리를 이용하면 하전입자의 존재와 그 대충의 양을 알 수 있다. 1895년 물리학자 윌슨은 구름의 생성에 대해 흥미를 가졌다. 그는 1911년 피스톤이 달린 밀폐용기에 공기를 넣고 수증기를 들여보냈다. 다음에는 핵이 될 만한 먼지입자나 이온을 들여보내 물방울이 생기고 작은 구름이 만들어졌던 것이다. 이 실험을 계속한 윌슨은 하전입자의 통로에 생성된 이온을 핵으로 물방울의 비적 (飛跡) 이 생기고 입자가 통과한 길을 볼 수 있었다.

용기를 자장계 속에 놓아두면 통로가 굽었고, 그 구부러진 모양을 보고 입자의 전기량이 음인지 양인지, 질량이 얼마인지를 알 수 있었다. 이 관찰장치를 안개상자라고 한다.

7. 안 락 사

안락사를 법으로 처음 인정한 나라는 네덜란드이다. 안락사는 어원으로 보면 '편안한 죽음'을 의미한다. 그러나 요즘 안락사라고 하면 질병 등으로 해서 오는 참기 어려운 고통을 없애려는 어떤 의학적 개입으로 그 의미를 한정하는 경향이 있다. 안락사는

알기 쉬운

소극적·적극적 안락사로 구분해서 생각한다.

1950년 10월 17일, 41개국의 대표로 이루어진 세계 의사회 총회가 안락사는 공공의 이익, 의학의 원칙, 자연법칙 그리고 문명의 법칙에 반역된다는 결의를 내놓았다. 안락사가 일반인들의 큰 관심사가 된 것은 미국의 병리학자 잭 케보키언 사건 때였다. 케보키언은 1998년 9월, 불치병인 퇴행성 근육병 말기 환자 토머스 유크의 안락사 장면을 비디오에 담아 CBS방송국에 전달했다. CBS는 이 테이프를 60분 짜리 프로그램으로 편성하여 방영, 미국 전역에 충격을 던져주었다.

8. 알레르기

물고기를 먹으면 두드러기가 생긴다. 달걀, 우유를 먹고 설사를 한다. 메밀을 먹으면 목이 답답해진다는 등 사람에 따라서 음식물에 이상반응을 일으키는 경우가 있다. 알레르기의 대표격으로 화분열(花粉熱)을 들 수 있는데 봄에 송화가루나 포자를 들이마셔 일어나는 감기이다. 코감기에 자주 걸리는 것도 일종의 알레르기이다. 이러한 두드러기, 천식 등과 같이 외부로부터 특수한 자극에 의해 일어나는 질환을 알레르기성 질환이라 하는데 이것은 선천적인 것으로 누구에게나 공통된 것은 아니다. 증상이 나타나는 이유는 잘 알 수 없고, 자극으로 '히스타민'이라는 물질이 체내에 생기고 그에 중독된 상태가 알레르기성 질환이다. 그래서 항히스타민제가 두드러기에 효과가 있다. 또 페니실린 쇼크, 수혈 쇼크가 있는데 체내에 특수 단백질이 침입하면 항체가 발생하고 이것이 반복되어 위험한 증세를 일으킨다.

9. 알츠하이머병

독일인 의사 알츠하이머(Alzheimer)가 점진적인 치매의 경과를 보이는 51세의 여자환자를 4년 반 동안 치밀하게 관찰하여 1907년 이 병을 처음으로 기술하였다. 치매란 뇌의 만성적 진행성 변성 질환에 의해 기억력 상실 및 기타 지적 기능의 상실이 일어나는 임상적 증후군을 말한다. 넓은 의미로는 지적 황폐뿐 아니라 행동이상 및 인격변화를 초래하며 이로 인해 사회적·직업적 기능의 장애가 생기는 상태를 말한다.

이 병은 연령이 증가하면서 발병률이 현저히 증가, 65세 이상의 인구군에서 치매의 이환율은 5~15%이며 알츠하이머병이 전체 치매 환자의 50~60%를 차지한다. 알츠하이머형 치매의 평생 위험률은 남성이 25.5%, 여성이 31.9%라는 보고가 있다. 이 병의 진단은 숙련의가 정신상태 검사를 포함한 임상적 검사, 가족, 친구, 직장으로부터 얻은 정보에 근거하여 내린다.

10. 알칼로이드

인간은 식물의 성분에 상당한 영향을 받는데, 그 중에서도 특히 알칼로이드의 작용에 현저한 영향을 받는다. 모르핀, 코카인, 알트로핀, 니코틴, 카페인 등이 대표격으로 지극히 미소한 양이 인류의 운명을 좌우하기도 한다. 알칼로이드란 식물체에 포함되어 있는 알칼리성을 나타내는 유기화합물의 총칭으로 희한한 생리작용을 나타낸다. 게다가 습관이 되면 쉽게 그만 둘 수 없다는 것은 악마의 조종이라는 느낌마저 들게 한다.

양귀비에서 나오는 하얀 즙이 아편으로서 세계 역사와 인류

알기 쉬운

의 운명에 어떻게 영향을 끼쳤는지는 잘 알려진 사실이다. 코카 잎에서 나오는 코카인도 마찬가지다. 이것들이 너무 강력하여 약품의 해독이 문제가 되었으나 아직까지 마약 환자는 끊이지 않고 있다. 차, 커피의 카페인은 필수품처럼 되었고, 작용이 강한 니코틴도 끈질기게 인연을 맺고 있다.

11. 알 코 올

알코올의 종류에는 여러 가지가 있는데, 마시면 취하는 것이 대표격인 '에틸알코올'이다. 에탄올이라고도 하는데 음주가들에게만 아니라 전 인류와 가장 관계 깊은 의약품이라고도 할 수 있다. 인류 최초로 술에 취한 사람은 노아로 기록되고 있다.

당류의 수용액을 방치해두면 어디선가 천연의 효모균이 날아와 당을 분해하여 알코올과 탄산가스로 바꾸어버린다. 이렇게 하여 술을 만들고, 또 알코올만 분리하여 공업용, 약용 등으로 쓰고 있다. 그런가 하면 석유를 분해하여 만드는 에틸렌을 원료로 에틸알코올을 제조하기도 한다. 말하자면 석유를 마시는 시대가 된 것이다.

에틸알코올을 마시면 위에서 흡수되어 혈액 속으로 들어가고, 일정 농도에 달하면 마취성을 나타내고, 뇌수와 신경에 장애를 가져온다. 이것이 취하는 현상이다. 그러나 타기 쉬운 알코올은 혈액 중에서 산화되어 탄산가스와 물이 되어 사라진다.

12. 암

최근 각종 암 환자가 불어나고, 매년 그 수가 증가하고 있다.

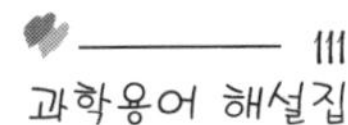

완전한 예방법이나 치료법이 개발되지 않았으나 방사선, 화학요
법 등이 어느 정도는 효과를 올리고 있다. 암세포는 이상 증식을
하는 병세포로서 몸의 조직 어느 곳에서나 발생한다. 발생 원인에
대하여 확실한 증거는 찾지 못하고 있다. 어떤 학자는 토끼의 귀
에 콜타르를 발라 암을 발생시킨 예도 있다. 타르 속에 포함된 탄
화수소류 속에는 암을 발생시키는 작용을 하는 것이 있는 것 같
다. 최근 자동차 배기가스나 공장 굴뚝 연기에 포함되어 있는 벤
츠필렌이 폐암을 유발한다는 사실이 알려졌고, 바이러스도 관계
가 있다고 한다.

방사선은 암의 원인이 되기도 하나 암세포의 성장을 누르고
또 죽이는 작용까지 한다. 방사선 요법은 큰 효과를 올리고 있고,
인터페론 등이 치료제로 쓰인다.

13. 암모니아 합성

암모니아는 인간의 신장에서 합성되는 것으로 생각하기 쉽지
만 화장실에서 나는 암모니아 냄새는 오줌 속의 요소가 분해하여
발생하는 것이다. 암모니아는 비료로서 중요한 물질이고, 질산의
원료가 되거나 각종 화학섬유나 플라스틱 원료로서도 중요하다.
그 수요를 사람의 오줌만으로 조달할 수는 없다. 1908년 독일의
하버가 공기 중에서 취한 질소와 물을 분해하여 얻은 수소를 섞어
암모니아를 합성하는 데 성공했다. 공기는 지구상에 무궁무진하
고, 물 역시 그렇다. 이로써 세계 어느 나라에서나 쉽게 비료를
제조할 수 있게 되어 농업생산성이 비약적으로 증대되었다.

그러나 질산을 원료로 화약을 만들었기 때문에 전쟁을 촉진

알기 쉬운

하는 간접적인 원인이 되기도 하였다. 세계적으로 사용되고 있는 암모니아 합성에 의하여 암모니아를 얻어낸다.

14. 애매이론

우리가 사용하는 언어나 논리 속에는 애매한 것들이 많다. 이렇게 애매한 논리, 숫자 집합 등을 연구한 사람이 있다. 그는 자데로 1965년 처음 이 이론을 제창하고, 애매하고 불확실한 상태를 표현할 수 있는 이론을 애매이론이라고 했다. 이 애매이론은 어떤 변화를 가져올까? 무엇보다 참(1)과 거짓(0)의 2진법을 쓰는 컴퓨터에 놀라운 변화를 가져왔다. 애매한 자료를 데이터 베이스로 이용해 정리하고, 로봇이나 인공지능에도 이용할 수 있다. 애매이론은 공학에서 실용화되고 있다.

일본에서는 최근 세탁기에 애매이론을 도입해 세탁액의 오염정도, 세탁물의 질을 판별하는 애매 센서를 통해 세탁시간을 최적화했다. 이것은 자동 카메라에도 이용돼 역광시에도 선명한 촬영을 할 수 있다. 애매이론은 앞으로 자동주행시스템 등 다양한 분야에서 시스템 개발에 도움을 줄 것이다.

15. 액 정

고체는 결정(結晶)이고 액체는 그 결정이 파괴되어 정렬해 있던 분자나 원자가 뿔뿔이 흩어진 상태이다. 따라서 유리는 단단하지만 분자가 정렬해 있지 않기 때문에 극단적으로 점도가 높은 상태의 액체라고 할 수 있다. 그런데 액체로서 분자가 질서정연하게 줄지어 있는 것이 있다. 결정의 성질을 가지고 있지만, 그래도 액체라고 하는 이유는 약간의 압력이 가해지면 결정성이 금방 파괴되거나 변하기 때문이다. 그것은 질서 있게 움직이지 않는 것처럼 보이지만 구령 한 마디로 방향을 바꾸기도 하고, 대형을 깨뜨리기도 하므로 이런 물질에 액정(液晶)이라 이름 붙였다. 액정이 되는 물질에는 콜레스테롤 화합물 등이 있는데 액정의 분자에는 극성이 있어 전장, 자장, 열 등에 의해 쉽게 대형을 바꾸거나 깨뜨린다. 그 결과 빛에 대한 성질이 변한다.

16. 액체공기

수증기가 식으면 액체인 물이 되는 것처럼 공기도 아주 저온 상태로 만들어 압력을 가하면 액체가 된다. 액체공기는 흔히 학교의 실험실 등에서 그 속에 금붕어를 넣고 얼게 하거나, 고무공을 얼려 도자기처럼 갈라지기 쉽게 만들어 보기도 한다. 액체공기를 그릇 속에 넣어두면 계속 증발하여 기체인 공기가 되어버린다. 그러나 이 때 비등점이 낮은 질소가 먼저 증발하고, 나중에 액체산소가 남는다. 액체 질소의 비등점은 영하 196도이고, 산소는 영하 183도이기 때문이다. 그래서 공기를 액화시키면 질소가스를 취할 수 있다. 바로 이런 원리에 의해 암모니아를 제조할 수 있고, 석회질소라는 비료도 만들 수가 있다. 남은 산소는 산소통에 넣어 용접용이나 제트기 조종사의 흡입용, 혹은 제철소의 제강로에서 쓰이기도 한다.

17. 야 광

칠흑같은 밤은 존재하지 않는다. 달이 없는 밤에도 하늘 아래

알기 쉬운

는 희미한 빛이 있다. 별빛 때문일 것이라고 생각할 수도 있으나 별빛은 그렇게 밝지 않다. 한밤의 별빛 전부를 합친 것보다 훨씬 밝은 빛이 지상을 비추고 있는데, 이를 야광이라고 부른다.

야광은 희미한 빛처럼 느껴진다. 스펙트럼 분석을 해보면 질소, 산소, 나트륨 등이 내는 빛임을 알 수 있다. 밤하늘에는 상당량의 빛을 내는 것들이 있다. 달, 별, 유성, 오로라, 그리고 야광 등이다. 야광운이란 것도 있는데 북구 하늘에 나타나 80㎞ 상공에서 새털구름처럼 하얗게 빛을 발한다. 왜 이 구름이 빛을 발하는가는 미지수이다.

관측로켓이나 인공위성이 빛을 내뿜기도 한다. 나트륨 증기와 산화질소 등을 방출하여 밤하늘을 밝게 하는 인공 야광에 대한 이야기도 있으나 현재는 신호용 발광에 그치고 있다.

18. 약한 상호 작용

1935년 일본의 물리학자 유가와 히데키는 양자와 중성자로 이루어진 핵이 동시에 보존되는 구조를 밝혔다. 핵에는 입자간에 인력을 미치는 핵 상호작용이 있다. 이 상호작용은 전자 상호작용보다 100배, 중력은 1024배나 강한 것으로, 지금까지 알려진 힘보다 더 강한 힘이 존재하는 것을 증명하는 것이었다. 이 상호작용은 아주 강하여 일단 두 개의 입자가 영향을 미칠 수 있는 정도로 가까이 접근하면 발생결과는 상상할 수 없을 정도로 빨리 일어난다. 유가와 히데키가 발견한 핵력은 강한 상호작용이라 부르게 되었다.

1934년 이탈리아의 물리학자 페르미는 유가와가 발견한 것보다 훨씬 약한 다른 상호작용의 배후에 있는 이론을 밝혀냈다. 약

한 상호작용은 전자에 비해 훨씬 약하지만 중력작용보다는 1조 배
나 강하다. 이것은 방사능 붕괴를 천천히 일어나게 하는 원인이
되고 있다.

19. 양 력

밖에서 방안이 보이지 않도록 블라인드의 각도를 약간 바꾸
면 불어오는 바람의 영향으로 블라인드가 떠오른다. 이것은 양력
(揚力) 때문이다. 연이 떠오르는 것은 윗부분의 이음매가 짧고 아
래쪽의 이음매가 길기 때문에 이음매에 연실을 이으면 항상 바람
이 부는 방향으로 움츠린 각도를 이룬다. 실에 매달린 연은 날아
갈 수 없기 때문에 바람이 연을 위쪽으로 밀어 올린다. 다시 말하
면 경사 각도에 의해 바람이 밑으로 밀려 내려가면서 그 힘의 반
작용으로 연이 뜨게 되는데 이것을 양력이라고 부른다.

비행기가 떨어지지 않는 것도 같은 이치이며, 상승하는 것도
연과 같은 원리인 양력의 작용 때문이다. 비행기의 경우 프로펠러
나 제트(jet)의 추진력에 의해 날아간다. 주날개의 각도가 수평보
다 위쪽을 향해 있으면 양력에 의해 비행기는 중력에 저항하여 떨
어지지 않는다.

20. 양 자

여러 가지 원소의 원자량이 대략 수소원자량의 정수배(整數
培)에 이른다는 사실에서, 원자의 실체가 규명되지 않았던 시기
에는 모든 물질이 수소를 근본으로 하여 만들어져 있는 것으로 생
각했다. 이런 생각은 그다지 잘못되었다고는 볼 수 없다. 모든 원

자의 원자핵은 양자나 양자와 같은 크기의 중성자로 이루어져 있고, 그 주위를 양자와 같은 수의 전자가 둘러싸고 있다. 그리고 양자 단 한 개의 원자핵을 가진 원자가 수소이다. 즉 원자란 수소 원자핵으로, 전자를 별도로 치면 실질적으로는 만물 중에서 가장 작은 입자이다. 이 입자의 질량은 1.672210×10^{-24}g이다.

양자의 양(陽)은 양전기의 양이고, 그것은 이 입자가 양전하를 가지고 있다는 설명이다. 양자는 알파입자 등과 같이 양전하 때문에 가속기에서 고속도를 내 원자파괴 탄환에 이용된다.

21. 어군 탐지기

어선에 있어 가장 중요한 것은 바다 속 어디에 고기가 많이 있는지를 알아내는 일이다. 하지만 그것을 안다는 것은 매우 어려운 일이다. 옛날에는 바다새가 춤추는 모습으로 어군을 발견하기도 했고, 가까운 곳에서는 바다색의 변화를 보아 알아냈다. 바다새인 갈매기, 괭이 갈매기, 신천옹 등의 행동은 지금도 어군 탐지에 이용된다.

그러나 좀더 효과적이고 과학적인 방법은 없을까 하는 생각에서 만들어진 것이 어군 탐지기이다. 하지만 어군 탐지기는 레이더처럼 전파를 이용하지 않는다. 물이 전파를 흡수해 버리기 때문이다. 대신 초음파를 이용하는데 우리 귀에는 들리지 않는 높은 진동수를 갖는 음파이다. 우선 1초 동안에 수천에서 1만 사이클이라는 진동수의 음파를 수중을 향해 발사한다. 만약 어군이 있으면 초음파는 고기 몸체에서 반사하여 되돌아온다.

22. 에콜로케이션

1793년 이탈리아의 생물학자 스파란치니는 암흑 속에서도 박쥐가 장애물을 피해 날아가는 것을 보고 흥미를 느꼈다. 20세기에 들어 박쥐가 끊임없이 높은 음을 내고 있다는 것이 밝혀지면서 스파란치니의 의문은 풀어지게 되었다. 박쥐는 초음파음을 단속적으로 내고 있으나 음의 주파수가 높고 파장이 짧아 음높이가 높기 때문에 인간의 귀에 들리지 않았던 것이다. 물건에 부딪치면 음은 반사된다. 박쥐는 높은 음을 발하면서 크고 예민한 귀로 그 반사음을 들어 방향과 거리, 장애물의 성질까지도 안다. 그래서 피할 것, 먹이 등을 안다.

돌고래도 초음파의 반사에 의해 물체의 존재를 아는 에콜로케이션을 사용하고 있다. 돌고래는 박쥐보다도 낮은 음을 발하여 물고기와 같은 커다란 것을 포획하는 것이다. 베네수엘라의 동굴에 서식하는 쏙독새류도 에콜로케이션을 사용한다.

23. 엑스선

학교 등의 집단 검진에서 뢴트겐 사진을 찍어보지 않은 사람이 거의 없기 때문에 엑스선에 대해서는 누구나 친숙하게 생각될 것이다. 상처의 진단, 암 치료 등 용도가 넓고 공업에서는 기계의 투시, 학술에서는 결정구조의 연구 등에 없어서는 안 되는 것이 엑스선이다. 엑스선은 1895년 독일의 뢴트겐에 의해서 발견되었다. '엑스선관구'라고 불리는 진공관에서 음극으로부터 고전압으로 가속된 전자를 금속의 양극에 충돌시키면 엑스선이 발생한다.

눈에는 보이지 않지만 여러 가지 물체를 통과할 수 있고, 빛

알기 쉬운

과 같이 사진 건판을 감광시키며, 규산아연 등을 바른 형광판이 빛나게 한다. 우리 몸의 각 부분은 엑스선에 대한 흡수력이 달라 이것을 몸에 통과시킴으로써 폐결핵, 위장 질환을 발견한다.

그러나 이것은 방사선의 감마선 부류이므로 인체에 많이 쏘이면 화상, 탈모 등 방사선 장애를 일으킬 염려가 있다.

24. 엑스선 별

1950년대까지 하늘에서 관측할 수 있었던 복사는 가시광 우주선, 그리고 어떤 종류의 전파로 한정되어 있었다. 그 밖의 복사는 대기에 의해 거의 흡수되었기 때문이다. 그러나 로켓을 이용하여 대기 밖에서도 다른 복사를 검출하기 시작하였다. 미국의 물리학자 B. 롯시는 1962년 은하 중심 방향에서 강한 엑스선 검출에 성공했다. 1963년 미국의 천문학자 프리드만은 엑스선의 복사가 강한 영역을 살펴보기 위해 전 하늘을 관측할 수 있도록 설계한 로켓 탐사를 실시했다. 이로써 엑스선 진원지가 밝혀진 것을 엑스선 별 (X-ray stars)이라고 불렀다. 엑스선별의 성질은 아직 의문 투성이지만 엑스선을 내보내고 있는 천체의 하나로 게성운이 있어 어느 정도 알아볼 수 가 있다. 그 영향은 900년 전 지구에 미쳤다. 또한 오늘날에도 그 폭발의 에너지는 강한 전파원으로 남아 있다.

25. 엔트로피

에너지는 일로 바뀔 수 있다. 에너지보존법칙에 따르면 우주에 있는 에너지의 양은 언제나 똑같은데 에너지를 무한한 일로 바꿀 수 있는가?

1824년 프랑스의 물리학자 카르노는 열에너지가 어떤 체계 안에서 똑같은 밀도로 존재하면 일을 생산할 수 없다는 것을 밝혔다. 1850년 독일의 그라디우스는 열과 온도의 특별한 관계를 구하여 에너지 밀도가 똑같아짐에 따라 그 값이 늘 커진다는 것을 증명했다. 그는 이 관계를 엔트로피라고 불렀다. 열역학 제2법칙은 우주의 엔트로피가 항상 커진다는 것을 말하고 있다.

그러나 우주에서 준항성(퀘이사)과 기타 신비한 에너지원이 발견되면서 천문학자들은 열역학 제2법칙의 어떠한 곳, 어떠한 조건에서만 성립하는 것이 아닌가 하는 의심을 계속 가지고 있다.

26. 역전층

겨울이 되면 스모그가 자주 발생한다. 겨울철의 스모그는 공기 그 자체가 언 것처럼 고여 잘 움직이지 않는다. 여름에도 자동차는 달리고, 공장과 발전소도 계속 연료를 때고 있지만 스모그는 별로 발생하지 않는다. 이유는 무엇일까?

이러한 현상은 역전층(逆轉層)이라고 하는, 공기의 덮개와 같은 것이 하늘에 만들어지기 때문에 생기는 것이다. 밤이 되면 햇빛의 방사가 없어지고 대지가 갑자기 냉각된다. 그러면 지상에서 가까운 공기도 식어 무겁게 정체되고, 상층부는 낮 동안 따뜻해졌던 공기층이 덮은 형태가 된다. 이와 같은 현상을 '역전층이 만들어졌다'고 하는 것이다. 그렇게 되면 자동차의 배기가스나 공장의 연기가 상승하지 않고 지상에 정체하게 된다. 그에 따라서 안개도 발생한다. 역전층은 대체로 지상 200m 정도에서 생기나, 바람이 불면 발생하지 않는다.

알기 쉬운

27. 역 학

　의료, 보건 분야에서 말하는 역학은 합성어로 직역하면 '인간 집단에서 급작스레 유행하는 전염병'을 뜻한다. 역학이라는 말이 고유한 영역을 갖고 의학계에서 본격적으로 사용되기 시작한 것은 1850년 영국에서 역학회(LES)가 결성되고서이다. 당대 유명 의사들로 구성된 LES는 당시 런던에서 대유행한 콜레라의 원인을 규명하기 위해 결성되었으나 다른 유행병에 대한 연구 보고를 하여 예방접종법, 식수여과법 등을 제정하는 데 결정적인 기여를 하였다.

　1930년대까지 역학의 내용과 대상 질병은 거의 전부가 전염병이어서 역학을 '전염병에 관련하여 그 자연사, 원인, 경과, 그리고 예방에 관한 과학'으로 정의하였다. 귀납적 논리를 바탕으로 이루어지는 역학적 방법론은 원인불명의 질병 원인을 찾는 데 결정적인 역할을 하여, 최근 발견된 지 5년 만에 AIDS의 원인이 밝혀진 것은 가장 최근의 예이다.

28. 연 금 술

　연금술이란 금을 만드는 기술을 말하나 금광석을 정련하여 금을 얻는 것을 뜻하는 것은 아니다. 돌, 쇠, 또는 납 등의 값싼 물질을 금으로 변화시키는 기술이다. 옛날에 제왕들은 연금술사를 불러 금을 만드는 방법을 연구하도록 했는데 특히 중세 유럽에서 성행하였다. 연금술 연구기간 중에 연금술사들은 수많은 화학약품과 물질의 화학적 변화를 찾아내 오늘날 화학발달의 토대를 이루었다. 원소는 다른 원소로 변화시킬 수 없고, 물질문명, 원자론 등이 그러한 체험에 의해 얻어진 결과이다. 1934년 이탈리아의 페르미는 모든 원소에 중성자 조사(照射)를 시도하여 많은 원소가 다른 원소로 바뀐다는 것을 알아냈다. 예컨대 철은 망간, 금은 수은, 우라늄은 플루토늄으로 변한다. 금을 만들려면 백금에 중성자를 집어넣으면 된다. 방사성 금은 이렇게 만들어지고 있다.

29. 연 소

1년 동안 세계는 30억 톤의 석탄과 40억 톤의 석유 그리고 목재, 천연가스 등의 연료를 태워 문명 사회를 움직이고 있다. 우리 인류에게 연소라는 현상이 얼마나 중요한지는 이것만으로도 쉽게 알 수 있다. 더구나 그 양은 매년 30%씩 늘고 있다. 때문에 연료를 효율성 있게 연소시킬 수 있느냐 없느냐의 문제는 세계 경제의 중요한 의미를 갖는다.

보통의 연소는 전부 공기 중의 산소를 이용해서 가연물을 산화시키고 그때 발생하는 연소율을 이용하고 있다. 그러나 공기 중의 산소는 21%이기 때문에 연소방법이 좋지 않으면 연료 성분은 완전히 연소되지 않는다. 가장 태우기 쉽다는 목탄도 한 번은 완전 연소되어 이산화탄소가 되었던 것이 붉게 타고 있는 목탄과 접촉하면 즉시 환원되어 일산화탄소가 된다. 석탄을 태우는 보일러도 검은 연기가 나오면 불완전 연소가 되고 있다는 증거이다.

30. 연쇄 반응

연료나 화약이 연소되기 위해서는 일정온도 이상으로 가열해

알기 쉬운

야 한다. 즉 자연발화온도 이상이 되지 않으면 연소반응이 일어나지 않는다. 그래서 성냥으로 점화하는 것인데 한 번 연소가 시작되면 반응열이 발생하여 순식간에 고온이 된다. 그리고 그 부분이 발화하여 계속적으로 연소가 이어진다. 이 같은 현상을 연쇄반응이라 부른다. 연쇄반응이 똑같은 속도로 계속되는 경우를 '지속 연쇄반응'이라 하고, 점점 반응이 빨라지는 경우를 '분기 연쇄반응'이라 한다. 기하급수식 연쇄반응이란 후자를 두고 하는 말이다. 보통의 연소는 전자이고, 화약의 폭발은 후자이다. 연쇄반응이란 말은 원자력 분야에서 많이 쓰인다.

원자로 속에서 천연우라늄에 함유되어 있는 우라늄 235의 원자가 분열할 때 2~3개의 중성자가 방출된다. 이 중 일부는 흡수되고 핵분열의 지속 연쇄반응이 계속되는 것이다.

31. 염 색 체

생물의 세포가 두 개로 분열하려 할 때 세포핵 속의 색소에 염색되기 쉬운 몇 개의 띠, 입자모양이 나타난다. 이윽고 핵막이 소실되고 내용물이 세포질과 하나가 되면 띠 모양체는 세포 복판에 늘어져 각각 두 개로 분열한다. 이것은 양방으로 나누어져 각각을 중심으로 세포는 두 개가 된다. 이 띠 모양체 혹은 입자 모양체를 '염색체'라 하는데, 생물의 성을 결정하거나 유전적 성질을 자손에게 전하는 역할을 한다.

염색체에 의해 암수의 성별이 결정되는 것은 그 역할을 하는 '성염색체'로 X와 Y의 두 종류가 있다. 암컷은 X가 두 개, 수컷은 X와 Y를 하나씩 갖고 있다. 염색체 속에는 유전자가 있어서 그 분자 구조에 의해 유전의 성질이 결정된다. 그러므로 염색체가 부모로부터 자식에게 성질을 갖고 들어가는 셈이다. 수와 모양은 생물에 따라 다르다.

32. 오 로 라

주로 극지방에서 볼 수 있기 때문에 극광이라고도 한다. 오로라는 로마신화의 '새벽의 여신' 아우로라에서 유래한다. 아우로라는 장밋빛 살갗에 금발의 여신으로 태양신 아폴론의 여동생이다. 중위도에서 볼 수 있는 극광의 새벽의 빛과 비슷한 데서 18세기경부터 극광을 오로라라 부르게 되었다.

이것은 지구 밖에서 입사되는 전자와 양성자가 지구의 초고층 대기에 충돌하여 나타나는 빛으로 일종의 진공방전과 같은 현상이다. 자주 볼 수 있는 곳은 남북 양극지방의 지구 자기 위도 65~70도의 범위이지만 강한 자기 폭풍이 일어날 때는 극지에서 상당히 떨어진 곳에서도 볼 수 있다. 오로라가 나타나는 높이는 지상 50에서 1000km 사이인데, 인공위성 높이에 가까운 100km 정도가 가장 많다. 이것은 하늘이 희미하게 빛나는 정도에서 다양하게 나타난다.

33. 오 토 라디오 그래피

지구상에서 가장 중요한 화학반응이라고 할 수 있는 광합성 작용은 녹색식물이 이산화탄소와 물을 빛에너지로 전환하는 과정, 즉 식물의 조직을 구성하는 물질인 유기물로 바꾸는 것을 말한다. 과학자들은 광합성반응의 세밀한 구조를 밝히려 하고 있다.

알기 쉬운

1948년 미국의 캘빈은 광합성의 구조를 밝히기 위해 실험을 시작했다. 그는 방사성탄소가 들어 있는 이산화탄소를 녹색식물의 세포에 몇 초 동안 주입하고 즉시 광합성이 중지되도록 세포를 파괴하는 방법을 썼다. 실험결과 캘빈은 연구 중인 화합물이 방사능을 포함하고 있다는 것을 알아냈다.

이처럼 방사성 화합물을 통해 자신의 존재를 스스로 나타내는 것을 오토라디오그래피라고 한다. 이것은 '자신의 광선으로 표시를 남긴다'라는 뜻이다.

34. 온실효과

유리건물 가운데 놓인 식물은 찬 기후에도 성장할 수 있다. 유리가 가시광선에 걸친 단파는 통과시키지만 그것보다 긴 적외선은 통과시키지 않기 때문이다. 파장이 짧은 태양 빛은 식물이 사는 유리건물 안으로 통과한 후 적외선의 형태로 다시 방출된다. 적외선은 차차 가운데로 모여 건물 내의 온도가 올라간다. 이런 효과를 이용해 만든 건물이 온실이다. 또한 일반적으로 에너지가 어떤 형태로 들어오고 다른 형태로 빠져나가지 않을 때 이 현상을 온실효과라고 한다. 지구대기 중 산소와 질소는 적외선을 통과시키지만 이산화탄소와 수증기는 가시광선만 통과시킨다.

금성은 이산화탄소로 된 두꺼운 대기를 가지고 있어 온실효과가 두드러져 표면온도가 4백도 가까이 되기도 한다. 이런 사실은 1956년, 전파반사를 통해 알게 되었고, 금성 탐사 로켓 마리너 2호가 1962년 금성 근처를 통과할 때 확인했다.

35. 온 천

지각에 구멍을 뚫으면 깊이 50m마다 온도가 섭씨 1℃씩 높아
진다. 그런 곳에서 퍼 올린 지하수는 모두 50도 이상의 뜨거운 물
이 되어있을 터이며 2000~3000m로 깊이 파면 어디서든 온천이 솟
는다는 얘기이다. 실제로 그런 온천이 등장하기도 했다.

그러나 일반적으로 온천은 화산지대에서 자연적으로 솟아나
는 열탕을 가리킨다. 용암이 지하에서 점점 상승해온다. 온도가
낮아짐에 따라 여러 가지 광물질이 석출하고, 점점 수분이 많아져
'열수액'이라 부르는 상태가 된다. 열수액은 바위의 갈라진 틈을
따라 높은 압력으로 상승, 수정·장석 등의 광물을 결정화하고 높
은 온도의 물만 남아 지상으로 나온다. 이런 열탕에는 광물질, 산
등이 녹아 있다. 황산·황화수소·명반·염소·탄산·황산철·
붕산·탄산칼슘 혹은 미량의 방사성원소 등이다. 그리고 빗물이
스며들어 섞이기도 한다.

36. 요 소

동물의 오줌 속에 포함되어 있으며 생물체가 아니면 만들 수
없는 유기물이라고 알려져 있던 것을 베라가 합성하여 "유기물이
지만 무기물로 합성할 수 있다."고 한 이야기는 유명하다. 지금은
탄산가스와 암모니아로 대량 합성하여 중요한 화학비료로 쓰이고
있다. 요소는 깨끗한 무색 침상(針狀)의 결정으로 오줌 냄새가 나
는 것은 아니다. 질소 비료로 요소를 사용하면 같은 양에 유안의
2배나 되는 질소분을 가지고 있어 효율이 좋고, 비료를 준 뒤 흙의
산성화 우려가 없어 매우 이상적이다. 다만 요소는 흡습성이 강해

알기 쉬운

장마철에는 물을 빨아들여 녹여버리기 쉽다는 것이 단점이다.

요소는 비료가 아닌 다른 용도로 많이 쓰인다. 플라스틱을 만드는 데 사용되는 것도 그 한 예다. 요소와 포르말린을 반응시키면 투명한 요소수지가 만들어진다. 불투명한 식기를 만드는 데도 이용된다.

37. 우 라 늄

우라늄은 원자연료로서 원자폭탄이나 원자력 발전의 에너지 발생용으로 사용되는 금속원소이다. 원자력이 개발되기까지 우라늄은 유리에 노란색을 입히는 데 사용되는 정도였을 뿐인 금속이었으나 지금은 톱클래스의 스타가 되었다. 비중 18.9의 무거운 금속으로서 성냥갑 3개분의 크기가 무려 1kg이나 된다. 이 정도의 우라늄 안의 원자가 모두 분열하면 석탄 3000톤을 태웠을 때와 같은 열을 발생한다. 그리고 그만큼의 열이 일순간에 방출되면 일본의 히로시마에 투하되었던 원자 폭탄의 폭발이 되고, 원자로 속에서 천천히 발생시키면 원자력 발전소의 엄청난 발전능력으로 나타난다.

우라늄의 원자는 그 속에 92개의 양자를 갖는데, 그 수는 천연원소에서 가장 크다. 그 때문에 원자의 내부가 불안정하여 깨지기 쉽고, 깨질 때 방사선을 방출한다.

38. 우 주 선

한 대학 연구실에서 기구를 성층권까지 쏘아 올리고, 사진 건판에 대한 감광선을 이용하여 우주선(宇宙線)을 측정한다는 뉴스가 신문에 실린 적이 있다. 산업연구원의 로켓도 지구 상층부의 우주선 관측에 사용되고 있다. 우주선이란 이름만 생각하면 우주의 끝에서 오는 방사성이라는 뜻이 될 것 같다. 지구상에는 밤낮으로 어디서부터인가 끊임없이 일종의 방사선이 쏟아져 내리고 있다. 그것은 지구상에서는 유례가 없을 만큼 강한 에너지를 갖고 있고, 우리가 사는 집, 벽, 몸까지도 간단히 통과해버리기 때문에 '죽음의 재'의 방사선과는 다르다. 우주선의 정체는 무엇일까? 그것은 눈에는 보이지 않지만 대단히 작은 전기를 띤 입자이다. 그 양은 고도가 높은 곳일수록 많아지는데 지상 부근은 전자와 양전자, 훨씬 높아지면 중간자가 확인되고, 그 위는 양자가 많아진다.

39. 우 주 인

이 우주에는 지구 외에 인간이 사는 별이 있을까? 우주인이라고 하면 웨일즈의 소설에 나오는 화성인 이래 머리가 큰 낙지가 상상되는데 과연 그런 인간이 존재할까? 일반적으로 태양계의 혹성 중에는 지구 외에도 생물은 존재하지만 인간과 같은 고등동물은 존재하지 않는다고 생각되고 있다. 우주인의 원조라는 화성에도 하등식물이 있을 정도라고 인식하고 있다. 태양계 이외에서는 어떨까? 가모프 박사는 우주에 지구와 같은 조건에서 인간과 똑같은 동물이 존재하는 것으로 생각되는 별은 확률로 계산하여 수백만 개에 이른다고 하지만 확인된 바는 없다. 그러나 미국의 파셀 박사는 지구의 인류보다도 고등한 동물이 있다면 그들은 지구 등에 전파로 통신을 보내고 있을 게 틀림없다는 생각에서 매년 파장 21m라는 우주에서 그 전파를 찾고 있다고 한다.

알기 쉬운

40. 우주 폭발(빅뱅)

우주는 어떻게 생겨났을까? 1920년대 미국의 천문학자 허블이 먼 은하계는 대단히 규칙적으로, 마치 우주 전체가 팽창하는 것처럼 우리에게서 멀어지고 있다는 것을 밝혀냈다. 1927년 벨기에의 루베이터는 원시 우주는 하나의 작고, 밀도가 매우 높은 '우주란(宇宙卵)'으로 응축되어 있었는데 그것이 폭발해 오늘날 우리가 보는 우주가 탄생했다고 하였다. 그 공모양의 원시물질의 파편이 은하계를 만들었고, 수십억 년 전 상상하기 어려울 정도로 강력한 폭발을 거쳐 지금까지도 모든 방향으로 날아 흩어지고 있다는 것이다.

미국 가모프는 이런 생각을 더욱 발전시켜 우주폭발 때의 파편 온도를 계산해냈다. 그는 최초의 정체불명의 폭발, 즉 우주의 기원이 되는 대폭발에 관한 이론을 빅뱅(Big Bang)이론이라고 이름 붙였다. 1965년 펜져스와 윌슨은 빅뱅이론을 뒷받침하는 증거로 전파의 복사를 밝혔다.

41. 원시인

1961년 일단의 고고학자들은 이스라엘에서의 발굴을 통해 직립원인(直立猿人)의 화석을 발견했다. 직립원인은 '피테칸트로푸스 에렉투스'라는 학명을 가지며 가장 오래된 인류라고 한다. 우리의 현생 인류는 '호모 사피엔스'라고 한다.

한때 진위가 문제시되었던 설남(雪男: 히말라야 산중에 산다고 전해지는 정체불명의 동물, 사람처럼 직립하고 전신이 털로 뒤덮여 있다고 한다)이 직립원인이 아닐까 하여 떠들썩했던 적이 있었으나 정확히 밝혀지지 않았다. 그 다음으로 오래된 원시인은

'북경원인'이나 '하이델베르크인'이다. 북경인은 시난트로푸스란 이름이 붙고, 하이델베르크인부터 '호모'라는 이름이 붙기 때문에 여기서부터 인간의 동류로 치게 되는 듯하다. 직립원인은 50만 년 전, 하이델베르크인은 40만 년 전, 동물에 벽화를 그렸던 크로마뇽인은 5만 년 전이다.

42. 원예치료

원예치료 효과에 대하여 최초로 발표한 사람은 1699년 영국의 Leonard Maeges로서 원예치료가 현대화되기 시작한 것은 1798년 미국의 벤자민 루소 교수에 의해 이루어졌다. 원예작물 가꾸기나 농경활동을 환자의 치료나 건강증진에 활용하기 시작한 것은 고대로 이집트에서 의사가 환자를 정원에서 걸어다니게 함으로써 치료를 도모했다는 기록이 있다. 미국에서 상이군경의 재활이나 직업훈련 과정에 원예 작업이 도입되어 작업 치료와 연결됨으로써 원예치료가 재평가되면서 원예치료의 응용 범위가 확대되었다.

그리하여 1950년 미시간 주립대학에 원예치료사 강좌가 개설되었고, 1959년에는 뉴욕대학의 메디컬센터에서 뇌혈관 장애, 노동재해 및 척추 손상 같은 후유증 환자 치료를 위한 원예 온실을 설치하여 신체 장애자들의 원예치료 활용의 새로운 전기를 마련하였다.

43. 원자 현미경

전자현미경이 아니다. 전자현미경은 전자를 이용하여 초미세 물질을 보는 것이지만 원자까지 들여다볼 수는 없다. 평균 1억분의 1cm라는 작은 원자를 들여다본다는 것은 불가능한 것으로 생각

알기 쉬운

했지만 밀러에 의하여 볼 수 있게 되었다. 이것이 '원자현미경'으로 원자를 보는 현미경이라는 의미이다. 밀러는 텅스텐 등의 금속 침 끝에 고속도의 헬륨원자핵 등을 부딪쳐 텅스텐원자에 반사시켜 스크린에 그 상을 붙잡아둠으로써 원자를 눈으로 보는 데 성공하였다. 이 때 보통의 온도에서는 원자가 끊임없이 진동하기 때문에 그 상을 보거나 사진을 찍는 것은 불가능하다. 모든 분자나 원자를 완전히 정지시키기 위해서는 '절대영도', 즉 -237℃까지 냉각시켜야 하는데 밀러는 텅스텐침을 액체수소로 냉각시켜 -252℃로 만들어 실험을 했다. 원자는 상상대로 둥근 형태였다.

44. 원 자 병

방사선 장애라고도 하며 히로시마, 나가사키의 원자폭탄 방사선을 입은 많은 사람들이 원자병으로 죽었거나 오랫동안 고생하고 있다. 또 원자력 관계자, 엑스선 기사 등 방사선을 취급하는 사람들이 원자병에 걸리는 일이 많다고 한다.

감마, 베타, 엑스선 등의 투과력이 센 방사선이 인체를 통과할 때 몸 세포에 장애를 일으키는데 이 양이 많으면 여러 가지 병을 발생시키게 된다. 원자병은 우선 골수 등이 침해되고, 백혈구가 심하게 감소되어 몸이 박테리아나 바이러스에 저항할 수 없게 되어 위험한 증상을 일으키게 된다. 베타선을 내는 스트론튬 90 등이 몸 속에 들어가면 뼛속으로 침입하여 백혈병의 원인이 되고, 방사선이 암치료에 효력이 있으나 반대로 암을 유발시키기도 한다. 방사선의 인체 허용량은 1주에 30밀리뢴트겐 정도이다.

45. 원자시계

　우리가 시간의 기준으로 삼는 것은 항상 무엇인가의 주기를 가지고 있는 것들이다. 하루란 지구가 한 바퀴 자전하는 시간이고, 1년이란 지구가 태양 주위를 1회전하는 시간이다. 또 시·분·초는 그것을 작게 나눈 것이다. 이것을 재는 시간은 진자(振子)의 진동주기나 템포의 진동주기를 이용한다. 그러나 이들 주기는 오차가 생기게 마련이다. 무엇인가 절대로 오차가 없어 시간의 기준이 되는 주기는 없을까. 이런 고민을 해결한 것이 원자 진동주기의 발견이다.

　예를 들면 암모니아는 질소원자 1개, 수소원자 3개가 결합하여 생긴다. 그리고 3개의 수소원자가 만드는 삼각형의 면에 대해 질소원자는 끊임없이 앞으로 나왔다가 뒤로 되돌아가며 진동하는 것이다. 이 진동주기는 일정하기 때문에 이것을 기준으로 하면 오차가 없다. 원자시계에 이용하는 물질은 암모니아만이 아니다.

46. 원자의 구조

　원소마다 각각의 독자적인 원소가 있고, 그것이 서로 결합하여 화합물의 분자를 이룬다. 그래서 리드베리는 각 원소마다 구형, 사각형 등 서로 다른 것이 있고, 쌓아놓은 목세공품과 같이 조합하여 화합물을 만드는 것이라고 생각하였다.

　물의 분자는 도넛모양의 산소 원자 구멍에 탁구공과 같은 수소 원자가 양쪽에서 끼어 들어가 있는 정도라고 한다. 그러나 원자는 종류가 달라도 모양은 모두 같은 것이라는 것을 톰슨, 러더

알기 쉬운

퍼드의 연구로 알게 되었다. 원자는 원자핵과 전자로 되어 있다. 그 질량의 대부분이 원자핵에 모여 있고, 그 둘레를 전자가 궤도를 그리면서 뱅뱅 돌고 있다.

원자핵은 양전기를 띠고, 그것과 맞설 정도의 전자의 수가 돌고 있다. 전자는 작지만 음전기를 가지고 있고, 전자는 원자끼리 결합시키는 역할을 한다.

47. 원자핵

러더퍼드는 라듐에서 나오는 방사선 중 하나인 알파입자를 금박에 충돌시켜 보았다. 그러자 알파입자는 금박을 통과해 나갔다. 그는 원자의 속은 빈틈이 많아 알파입자가 쉽게 빠져나갈 수 있을 것이라고 해석했다. 그러나 알파입자 중에는 금박을 뚫고 지나가지 않고 튀어나오는 것이 있음을 알았다. 그것은 원자의 중심에 있을 큰 입자에 알파입자가 충돌해 튀어나오는 것이며, 알파입자가 양전기를 띠고 있으므로 원자의 중심도 양전기를 갖고 있다고 생각했다. 또 알파입자의 움직임이 구부러지는 것은 틈 속을 움직이는 전자가 갖는 음전기의 작용 때문임을 알았다. 이렇게 원자모양을 생각해냈는데 원자의 중심에 있어서 중량의 대부분을 차지하며 플러스 전기를 띠는 덩어리를 원자핵이라 부르게 되었다. 원자핵의 내부는 양자와 중성자라는 입자의 집합이었다.

48. 유기농업

유기농업이라는 용어는 1973년부터 사용하기 시작하였다. 유기농업이란 화학비료, 살충제, 제초제, 살전제, 식물생장조절제 및 가축사료첨가제 등 일체의 합성 화학물질을 사용하지 않고 순수 유기물과 자연광석 미생물 등 자연적인 농사 자재만을 이용, 작물을 재배하는 방법이다. 유기농업은 농업과 환경을 조화시켜 농업의 생산성을 지속 가능케 하는 형태로서 농업생산의 경제성 확보, 자연환경 보전 및 농산물의 안정성 등을 동시에 추구하는 농사법으로 농약이나 비료 사용을 최소화하면서 병충해의 종합관리, 작물 양분의 종합관리, 천적과 생물학적 기술의 통합활용 등 최첨단 농업기술을 이용한다. 또한 윤작, 간작, 두과 작물 재배 등으로 토양의 생명력을 배양하는 동시에 농업환경은 물론 자연 환경을 보전하는 형태의 농업으로 인류의 생존을 위해 더욱 발전 시켜야 할 분야이다.

49. 유전 암호

　부모로부터 자식에게 유전이 되는 기본 단위를 유전자라고 하는데, 이 유전자는 DNA의 일부분으로 특정한 단백질을 만들기 위한 정보를 가지고 있다. 이 정보를 유전 암호라 한다. 이 유전 암호는 DNA의 염기인 A(아데닌), T(티민), G(구아닌), C(사이토신)로 구성되어 있다. 1953년에 왓슨과 크릭에 의해 DNA가 이 중나선 구조라고 밝혀진 이후 단백질의 기본단위가 되는 아미노산은 총 20개가 알려져 있으나 DNA의 기본단위인 염기로 4개밖에 존재하지 않는데, 이 4개가 어떤 방법으로 20개의 아미노산을 합성할 수 있는가라는 문제가 대두되었고, 1966년 비로소 유전 암호의 실체가 규명되었다.

알기 쉬운

유전암호는 세 개의 뉴클레오타이드로부터 만들어지고, 서로 중첩되지 않으며, 연속적으로 연결되어 있고, 단백질 합성을 시작하는 코돈과 끝내는 코돈이 있다.

50. 유 전 자

부모의 형질은 자식에게 전해진다. 유전현상 그 자체는 멘델 이래 여러 가지로 해명되고 있지만, 왜 그렇게 되는 것인가 하는 원인은 오랫동안 수수께끼였다. 그 수수께끼는 원자물리학에서 유전학으로 전향한 데일 브리크의 연구 등으로 시작하여 전자현미경에 의한 탐색, 그리고 현재의 분자생물학의 일련의 연구에 의해 상당부분이 밝혀졌다.

유전 형질은 생물의 생식세포가 가지는 염색체에 의해서 전해진다. 염색체 속에는 유전자라는 미세한 조직체가 있고, 그것이 복잡한 생물의 형태, 구조, 성격 등의 무수한 형질을 부모로부터 자식에게 전한다. 그 유전자는 수백만 개의 원자로 만들어진 DNA라는 핵산의 거대분자로 그 원자의 결합방법에 의해서 많은 형질이 생겨나게 된다. 이렇게 하여 정세포와 난세포의 염색체 결합에 의해 양친의 형질이 유전자를 통해 자식에게 전해진다.

51. 유전자 변형 식품

유전자 변형 식품이란 생명공학기술을 활용한 유전자 재조합 또는 변형 및 전환시킨 식품(MGO)으로 식물간에 DNA의 재조합이나 세포융합 마이크로 및 매크로 주사, 캡슐화, 유전자 결위 및 배가 등의 기술로 생산되는 식품을 말한다. 그러나 식물의 종류나 품종간에 접합이나 변환 및 인공교배가 자연교잡 등과 같은 현재까지 육종기술을 이용하여 생산된 식품은 유전자 변형 식품이 아닌 것이다.

지구상의 인류가 먹거리 부족으로부터 해방되기 위해서는 유전자 변형 식품이 불가피한 현실이나 세계적으로 인체 유해성 여부와 식량작물의 증산이라는 이질적인 양면성에 대한 이론과 주장이 팽팽하게 대립되고 있다. 특히 유전자 변형 농산물의 지구 생태계 및 인체에의 위해성에 관한 논란이 가열되고 있는 실정이다.

52. 유전자 지문

유전자 지문은 손의 지문과 같이 개인마다 고유의 유형을 지니고 있으며, 최근 들어서는 이를 '유전자 신분증'으로 활용하는 시도가 늘어나는 추세이다.

우리 나라를 포함한 세계 각국에서 사람의 신체적, 행태학적 특성을 개인식별에 이용하는 생체인식기술에 대한 연구, 개발에 나서고 있다. 생체인식은 모든 사람들이 각기 다른 유전자의 특성을 지닌 것을 전제로 한 지문, 얼굴, 홍채 등에서 나와 같은 사람은 하나도 없다는 가정에서 출발한다. 국내에서도 친자확인, 범인검거 등에 확실한 증거를 제공하는 유전자 감식 사업이 활성화되고 있다. 1977년 국내 처음 유전자 감식 업체가 생긴 이래 모두 10여 개의 기업과 연구소들이 활동하고 있다.

영국과 미국의 과학자들은 유전자 지문을 이용해 이집트 미이라들 사이의 관계를 추적할 계획이라고 한다.

알기 쉬운

53. 유전자 감식

유전자 감식이란 유전 질환을 진단하는 유전자 진단과는 달리 이산가족, 미아, 사생아, 입양아 등에 대한 친자 및 혈연관계와 개인식별을 하는 것을 말한다. 손가락 지문처럼 사람은 각각 DNA의 특정 부위에서 염기서열이 반복되는 양상이 다르다. 이런 변이를 보이는 DNA 부위로는 주로 VNTR이나 STR이 이용되고 있다. 두 사람이 정확히 같은 DNA 양상을 가질 기회는 매우 드물어 이런 것은 손가락 지문과 비슷하기 때문에 이것을 DNA 지문이라고 한다. 또한 개인마다 서로 다른 DNA 양상을 가지고 있을지라도 일부분은 멘델방식에 의해 유전되기 때문에 혈통 확인에 이용된다.

이 외에도 DNA 지문은 범인을 판별하는 데 이용된다. 사건 해결의 중요 단서인 유전자는 모든 세포에 존재하기 때문에 머리카락 모근이나 혈액, 입안의 점막세포, 정자 등에서 검출한다.

54. 유전자 증폭

DNA 클리닝 방법이 유전공학의 기초가 될 수 있었던 것은 인체나 식물체 내에 존재하는 유전자를 제한효소와 라이게이즈라는 효소를 이용하여 프라스미드에 클로닝하고, 이를 대장균에서 무제한 복제 및 발현하도록 하여 특정한 DNA 또는 단백질의 대량 수확이 가능하게 되었기 때문이다. 중합효소 연쇄반응(PCR)은 위의 클로닝 기술에 의존하지 않고, 단일 DNA 조각을 주형으로 하여 열에 내성이 있는 DNA중합효소를 이용하여 연쇄적인 DNA 복제를 실시함으로써 단시간 안에 대량의 DNA를 얻게되는 기술이다.

중합효소 연쇄반응(PCR: 유전자 증폭)은 3가지 단계로 진행되는데 이중나선의 DNA를 열로 가열하여 단일가닥으로 만들고, 프라이머라는 작은 길이의 합성된 DNA를 결합시킨 후, 이 프라이머에 새로운 염기를 붙여가며 합성하는 것이다.

55. 유전자 지도

유전자 지도는 염색체에서 유전자의 위치를 나타내는 지도라 할 수 있다. 인간이 가진 46개의 염색체가 갖는 유전 정보를 총괄하여 유전자(GENO)와 염색체(Chromosome)의 합성어인 게놈(독일식), 지놈(미국식 발음)(Genome)이라 한다.

게놈의 가장 작은 단위체는 아데닌, 구아닌, 사이토신, 티민의 4개 염기조합이고, DNA상에서 이들의 배열 조합에 따라 유전 정보가 기록된다.

인간의 유전자 배열과 그 구성을 알기 위한 프로젝트는 미국의 국립보건원을 중심으로 1990년대 초반에 해석작업에 착수하여 프랑스, 영국, 스웨덴, 일본 등 15개국의 합류로 2000년 여름 인간 게놈 염기 30억 개 서열이 밝혀졌다. 이는 유전자 지도를 완성하기 위한 1차 청사진 정도로 생각할 수 있다. 유전자 지도의 작성은 생명의 신비라는 신의 영역을 엿볼 수 있는 도구가 될 것이다.

56. 유전자 진단

유전자 진단이란 특정 질환에 관여하고 있는 유전자의 변이 여부를 조사하는 것이다.

인간 게놈 프로젝트의 1차 완료로 인간의 유전자 염기서열이 이미 밝혀지고, 그들이 갖고 있는 암호가 해독되어 가고 있다. 현

알기 쉬운

대인은 일반적으로 많이 알려져 있는 유전자 변이에 의한 암 또는 유전병 등을 진단 또는 질환이 개인에게 발병할 가능성을 어느 정도 예측할 수 있게 되었다.

유전자 진단은 DNA또는 RNA를 혈액이나 세포에서 추출하여 DNA 연쇄중합반응으로 다량 복제하고, 이를 판독기로 서열을 읽는 등의 방법으로 정상 유전자와의 차이점을 찾아가는 기술이다. 유전자 진단에 포함되는 것은 증상이 없더라도 체내 특정 병원균의 감염 여부 후천적 또는 선천적 유전자 변이에 의한 질환 진단 및 유전자를 이용한 친자확인, 법의학 수사 등이 있다.

57. 유전자 치료

인간의 몸에는 약 15만 개의 유전자가 존재한다고 추측되고 있다. 유전자 치료는 이들 유전자 중 하나 또는 그 이상의 유전자가 연계되어 일어나는 질병을 치료하고, 나아가 예방하기 위해 유전자의 발현을 인위적으로 조작하는 기술이다. 이 기술은 1990년 9월 아데노신 디아미네이즈라는 효소 결핍으로 생긴 선천적 질병을 치료하기 위해 시도된 이래 전 세계적으로 활용되고 있다.

유전자 치료의 대상 질환은 크게 단일유전자 결핍질환, 암, 감염성질환, 기타 뇌, 심장 질환 그리고 치료 목적이 아닌 세포의 이동을 알기 위한 유전자 표지 등 5가지로 나눌 수 있다. 그러나 1999년 9월 펜실베이니아대학의 유전자 치료 사고에서 보듯 유전자치료는 현재 완성된 의료기술이 아니지만 치료를 위한 처방 중 하나로 자리잡을 전망이다.

58. 유전자 칩

2000년 여름, 인간 게놈염기 30억 개 서열이 밝혀지는 휴먼 게놈프로젝트의 성과는 이들 유전자 암호의 기능을 밝히는 포스트게놈시대를 열었다. 이제는 하루에도 수백 개 이상 밝혀지는 새로운 유전자들에 대한 정보를 동시에 분석하는 시대가 온 것이다. 이를 위해 최근에 개발된 방법 중의 하나가 DNA 칩이다.

DNA 칩은 분자생물학적 지식에 전자공학적인 기술을 접목하여 만들어진 것으로 수백 개에서 수십만 개의 서로 다른 DNA를 좁은 유리와 같은 고형체에 일정간격으로 집어넣어 만든 것이다. DNA 칩에 붙이는 유전물질 크기에 따라 DNA 칩과, 올리고 클레오타이드를 부착시킨 칩이 있다. 칩은 DNA를 고형체에 붙이는 방식에 따라 여러 타입이 있는데 핀 칩은 1995년 미국 스탠포드대학에서 개발한 방식으로 1㎠ 안에 2~3천 개의 유전자를 붙일 수 있다.

59. 유전 장애

일본의 유가와의 중간자와는 다른 것으로 중성자는 많은 원자의 원자핵 속에 양자와 함께 들어 있으며 전기를 띠지 않는 소립자이다.

1932년 영국의 채드윅에 의해서 발견되었다. 전하를 갖지 않아 안개상자에서 발견되지 않은 탓에 그 존재의 확인이 매우 늦어진 것이다. 1934년 페르미는 중성자를 여러 가지 원소에 쬐어 원소의 인공 변환을 실시했다. 그리고 우라늄에 중성자를 쬐어 본 결과 우라늄에 핵분열을 일으켜 원자력을 해방시키게 된 것이다.

원자로에서는 우라늄의 핵분열반응을 잘 일으키기 위해 흑연

알기 쉬운

이나 중수 등의 중성자 감속재를 사용한다. 스피드가 느린 중성자
칩이 원자핵에 뛰어 들어가기 쉽기 때문이다. 중성자는 전기적으
로 반발력을 받지 않으므로 원자핵에 충돌시키면 핵반응을 잘 일
으킨다.

60. 유전코드

　1902년 세포핵이 있는 작은 구조체인 염색체가 세포의 유전
적 성질을 담당하고 있다는 것이 밝혀졌다. 염색체는 단백질과 핵
산으로 이루어져 있는데 중요한 것은 단백질이라고 여겨졌다.
1944년 미국의 생화학자 아베리가 효소분자의 합성을 지배하는
것은 핵산임을 증명했다. 핵산의 구조 연구가 진전되면서 핵산은
크기와 분자 형태의 복잡성에서 단백질에 조금도 뒤지지 않는다
는 사실이 밝혀졌다. 다른 점은 핵산의 분자는 뉴클레오티드라는
단위체로 구성되어 있고, 단백질은 아미노산이라는 단위체로 되
어 있다는 것이다. 뉴클레오티드 세 개의 조합인 핵산은 그것에
대응하는 아미노산의 조합인 단백질의 합성모델이 될 수 있었다.
그러면 어떤 세 개의 뉴클레오티드가 어떤 아미노산과 대응하는
것일까. 이 대응을 유전코드라고 하며 1960년대에 그 비밀이 해독
되었다.

61. 유충 호르몬

　곤충은 갑옷이란 뜻을 가진 키틴으로 덮여 있다. 곤충의 성장
과정에서 유충의 기틴은 주기적으로 부서지고 유충은 갈라진 껍
데기로부터 나와 새롭고 큰 껍데기를 만드는 탈피과정을 거친다.

이렇게 몇 회의 탈피를 거친 후 성충으로 변신한다. 이 탈피과정은 곤충의 체내에서 생산되는 호르몬의 지배를 받는다. 1936년 영국의 생물학자 위클스는 곤충들의 머리를 잘라 호르몬을 없애면 어떻게 되는가를 실험했다. 곤충들은 죽지는 않았지만 곧 성체로 변화했다. 머리에서 분비되는 호르몬은 유충을 미성숙 상태로 남아있게 하기 때문에 이 호르몬을 유충 호르몬이라 명명했다.

미국의 윌리엄스는 1950년 유충 호르몬을 연구하기 시작했다. 그는 성체로 변화하기 시작한 곤충에게 유충 호르몬을 주입하자 그것이 성체로 변화하는 것을 중지시켜 죽게 했는데, 이것이 무공해 살충제로 어떨지 연구해 볼 일이다.

62. 유행성 소아마비

나이를 불문하고 걸리는 병이지만 대부분 어린이들에게 발병한다 하여 소아마비라고 부른다. 어린이라도 4세 이상은 자연스럽게 면역이 생기기 때문에 잘 걸리지 않는다. 소아마비는 바이러스에 의해 생기는데 바이러스 발견 전에는 전염병인지 몰랐다가 전염성이 밝혀진 뒤 모기에 의해 매개되는 것으로 보고 있다. 여름에서 가을에 유행하는 수가 많다.

유행성소아마비 바이러스는 척수의 운동신경을 파괴하기 때문에 손발의 마비가 일어난다. 그리고 호흡운동의 신경이 망가지면 숨을 쉬지 못해 산소호흡기에 의존하지 않으면 안 된다. 그러나 이 병에 감염되더라도 대개는 발병되지 않고, 발병되더라도 인플루엔자와 같은 증상을 보이거나, 등이나 목이 심하게 아픈 정도이며 마비를 일으키는 경우는 적다.

이 바이러스는 목구멍의 점막과 대변 속에서 많이 발견되고,
입으로 전염된다.

63. 유 황

유황은 노란색을 띠고, 불을 붙이면 파란 불꽃을 내며 기침과
눈물이 날 만큼 고약한 냄새가 나는 '아황산가스'를 발생시킨다.
온천의 달걀이 썩는 듯한 냄새는 유황과 수소의 화합물인 황화수
소이다. 온천에 있으니까 몸에 좋다고 생각하면 오산이다. 이것
은 일종의 독가스로 단백질이 썩을 때 나오는데, 요즘의 도시는
석탄이나 석유 속의 유황이 타서 나오는 유황산가스와 오수가 썩
어 발생하는 황화수소가 대기오염의 주범이 되어 있다.

어디를 가나 성냥을 기념품이나 광고용으로 그냥 주는 것은
역시 유황을 쉽게 구할 수 있기 때문이다. 그러나 유황이 귀한 유
럽 등에서는 '유황박테리아'라는 세균을 이용하여 석고에서 유황
을 취하기도 한다. 합성섬유의 발전으로 레이온의 인기가 떨어지
면서 원료인 유황과 황산의 수요가 줄었다고 한다.

64. 육 종

육종이란 말은 1903년 일본의 橫井時敬이 최초로 사용하였
다. 사람들이 유용하게 이용할 식물을 재배하고 있는 작물이나 사
용하고 있는 동물들을 개량 보급하여 예전보다 활용가치가 높은
새로운 형태를 육성하고 증식하여 일반 농가에서 재배하도록 하
는 농업기술을 육종이라고 한다. 육종기술은 과학적으로 체계를
갖추어 합리화함으로써 능률과 효과를 높이기 위한 연구 노력이

계속되어 왔다.

　최근에는 육종의 범주가 작물이나 가축의 품종개량의 좁은 의미로 국한되지 않고, 새로운 품종이나 작물을 육성하여 실용화하는 경우와 유전자 조작기법에 의한 신생물을 창성하는 경우 채종 분야까지도 이에 포함시키는 예가 있다. 농업의 대상은 생명력이 있고, 생명의 본질은 유전물질이며 이는 양친의 유전자를 자식에게 전달하므로 육종기술을 사용하여 농업의 능률과 효과를 높인다.

65. 은　어

　은어는 무더운 여름철에 미식가들에게 잊을 수 없는 맛을 제공해준다. 매끈한 모습과 독특한 향기, 그리고 미묘한 고기의 맛은 여름 요리로 뺄 수가 없지만 이 물고기의 습성 또한 낚시꾼들에게 최대의 매력을 제공한다.

　은어의 수명은 1년으로, 초봄에 강이 인접한 바다 속에서 부화한 유어는 2~3㎝의 형태로 강에 들어간다. 물의 흐름을 거슬러 올라가면서 빠른 속도로 자라는데 한여름에는 20㎝ 이상 된다. 그리고 가을이 되면 강을 내려와 다시 바다로 돌아가 알을 낳고 죽는다. 유어는 동물성 먹이를 먹지만 성어는 맑은 물 속의 암석에서 자라는 규조를 주식으로 하는데 먹이를 확보하기 위해 1㎡의 세력권을 형성한다. 은어는 '모구'라는 갈고리 모양의 기구로 낚을 수 있다. 대형 은어는 미끼 은어를 매단 갈고리를 이용하여 잡는다.

알기 쉬운

66. 은　하

　　하늘에 걸친 얇은 구름모양의 띠인 은하수는 견우직녀의 전설로 잘 알려져 있지만, 영국의 하셀에 의해 무수한 별들의 무리임이 밝혀졌다. 망원경이 커짐에 따라 은하수는 점점 하나 하나의 별로 분해되어 오늘날 은하수는 약 400억 개의 항성집단이고, 우리 지구가 속하는 태양계도 그 중 하나라는 사실이 밝혀졌다. 그런데 왜 은하수 쪽으로만 별이 많고, 다른 쪽에는 적은 걸까? 그것은 별들의 대집단이 원반모양과 같은 형태를 하고 있어 반(盤)과 직각방향에는 별의 수가 적고 반면(盤面) 쪽으로는 많기 때문이다. 우리들이 소속되어 있는 이 별의 대원반, 운하수 항성계를 은하라고 부른다.

　　은하의 크기는 지름 약 10만 광년, 두께는 5000광년에서 1만 광년이다. 우리 인류는 마치 우주의 중심에 있는 것처럼 착각하나 우리가 속한 태양계는 은하 속에서도 극히 말단에 치우쳐 있다.

67. 의　태

　　마른 잎과 같으며 벌레 먹은 흔적 같기도 한 '아케비코노하가'를 보면 너무나 빈틈없이 만들어졌음에 감탄할 것이다. 동물이나 식물의 보호색, 의태(擬態)를 조사해보아도 마찬가지일 것이다. 난(蘭) 속에는 흡사 암벌과 같은 모습의 꽃을 피우게 하는 것이 있어 암벌로 오인한 수벌에 의하여 수분이 이루어지도록 한다.

　　카리브해의 서인도제도에 있는 한 섬에는 산호뱀이라는 화려한 색깔의 독사가 있다. 코브라과의 뱀인데, 한편 이것과 전혀 구별이 되지 않는 독 없는 뱀도 있다. 이 독 없는 뱀은 적들이 산호

뱀으로 잘못 보기 때문에 목숨을 부지할 수 있다고 한다. 이처럼 다른 동물로 가장하여 자신을 보호하는 동물의 모양을 의태라고 한다. 물고기의 기생충이나 찌꺼기를 먹고사는 '청소어'를 가장하고 다른 고기에 접근하여 지느러미를 뜯어먹는 얌체고기도 있다.

68. 이산화탄소

인류는 1년 동안 25억 톤의 석탄과 30억 톤의 석유 그리고 숯이나 장작을 태운다. 또 산소를 흡수하고 이산화탄소를 뱉어낸다. 그래서 대기 속에는 이산화탄소의 양이 자꾸 불어나고 있는데 그 양이 너무 많아지면 '온실효과'라고 하여 태양으로부터 보내진 열이 축적되므로 대기의 온도가 상승한다. 만일 평균기온이 5℃ 높아진다면 남극이나 북극의 얼음이 모두 녹아버리고, 바닷물의 높이가 상승하여 해안지대는 홍수를 맞게 될 것이라는 학자도 있다. 이산화탄소는 용도가 매우 넓어 물에 녹인 탄산수는 청량음료로, 이산화탄소가 고체로 된 드라이아이스는 아이스크림을 비롯한 여러 냉동제로 잘 알려져 있다.

이산화탄소와 암모늄을 작용시키면 요소가 생기는데 이것은 비료, 플라스틱의 원료가 된다. 이산화탄소는 소화기에도 쓰이며 무색 무취의 기체이다.

69. 이온 교환수지

마실 물이 흐려 있을 때 천이나 모래 혹은 여과지에 통과시키면 깨끗해질 것이다. 그러나 물 속에 녹아있는 것들은 어떻게 해야 제거될 수 있을까. 증류를 하면 될 것이라고 말하는 사람이 있

알기 쉬운

겠지만 증류에는 특별한 도구와 연료가 필요하기 때문에 어디서나 자유롭게 이용할 수는 없다. 만일 먼지 등의 이물질처럼 물에 녹은 소금이 간단하게 제거될 수 있다면 얼마나 편리할까. 그것은 태평양의 요트 횡단 때 음료수를 싣고 가지 않아도 될 것이기 때문이다.

플라스틱 중에는 물 속에 녹아있는 염류를 흡착하는 것이 있다. 이 플라스틱은 물 속에 녹아있는 전기를 붙드는 성질이 있다. 예를 들어 베이클라이트는 플러스 알맹이를, 메타페닐렌디아민은 마이너스 알맹이를 붙든다. 결국 이 두 가지를 결합하면 증류수와 같은 물이 만들어지는데 이런 작용을 하는 플라스틱이 '이온교환수지'이다.

70. 인간 게놈지도

인간 게놈의 염색체 속에는 30억 개의 DNA 염기쌍(뉴클레오티드)이 질서정연하게 자리잡고 있다. 이들의 조합에 따라 키와 피부색깔, 생김새 등 인간의 유전형질이 결정된다. 미국을 중심으로 한 선진국들은 현재 30억 개의 염기쌍 순서와 염색체 내 특정 유전자의 위치를 낱낱이 알아내 유전병 등 질병을 치료하고 유전자 조직을 통해 원하는 유전형질을 얻기 위한 '인간 게놈 프로젝트'를 진행 중이다. 인간 게놈 프로젝트에 참여한 18개 국가의 과학자들은 2000년 6월 26일, 인간 생명의 신비를 풀어줄 유전자 지도 초안이 완성되었다고 밝혔다.

영국 연구진은 전 세계의 연구센터에서 진행된 인간 유전정보 해독작업이 거의 완료되어 인간 게놈의 97%가 규명되었으며

85%가 정확하게 조합되었다고 한다. 많은 사람들이 인간 게놈 프로젝트에 기대를 거는 이유 중 하나는 불치병을 치료하는 길잡이가 될 것이라는 생각 때문이다.

71. 인공수정

농작물의 꽃에 적당한 꽃가루를 묻혀주는 인공수분도 분명 식물의 인공수정에 속한다. 가장 널리 행해지고 있는 것은 연어나 송어의 인공수정이다. 가을에 강을 거슬러오는 연어를 잡아 배를 가르고 알을 꺼낸다. 거기에 수컷의 정자를 섞어 수조 속에 넣어두면 연어새끼가 부화된다.

미국생선이었던 옥쇄송어가 다른 나라에서도 양식되고 있는 것 또한 인공수정을 통해 번식된 것이다. 양어든 목축이든 자연적 교배로는 대량 생산이 어려울 것이다. 더구나 동물의 정자 수는 천문학적이어서 번식에 필요한 수컷의 수도 그리 많지 않아 번식에 필요한 소나 말은 다른 용도로 사용하면 될 것이다. 성분이 좋은 말이나 소의 수컷에서 정액을 채취하여 냉장고에 넣어두고, 소량씩 나누어 비행기로 수송하여 목장에서 암컷에게 인공수정을 시키는 것이다.

72. 인공장기

현대의학의 눈부신 발전은 병들거나 고장난 인체 부위를 인공장기로 갈아 끼우는 본격적인 인간개조 시대를 열고 있다. 현재 생체조직이나 인공장기를 사용하여 대체할 수 있는 장기는 50여 종에 이른다. 인공장기는 1950년대 고분자 물질이 개발되면서 이

알기 쉬운

용의 문이 열리기 시작했다. 현대 실용화된 인공장기는 인공뼈, 인공관절, 혈관, 손, 발, 피부, 각막, 심장박동기, 판막, 심폐, 두개골, 유방, 남근, 신장 등 다양하다. '6백만 불의 사나이'가 현실로 다가오고 있는 것이다. 인공뼈와 관절은 발레리나가 옛날의 춤솜씨를 내는 데 아무 지장이 없을 정도이고, 혈관은 주로 동맥에 이용된다.

인공손은 작은 물건을 들어 올리고, 돈을 셀 수 있을 정도이며, 발은 과거의 육상선수가 100m를 11초대에 뛸 수 있을 만큼 발전되었다. 인공신장은 1943년 임상실험 이후 발전을 거듭하고 있다.

73. 인공지능

인공지능이란 흔히 컴퓨터가 지능을 갖고 일을 수행할 수 있도록 연구하는 학문을 말하며 사람 혹은 동물의 두뇌를 연구하여 이용하려는 인공두뇌학과는 다르다. 인공지능 분야가 정식 거론된 것은 1956년 미국 다트머스 대학의 마빈스키, 존 맥커시, 로체스터, 샤논의 모임에서 비롯되었다. 이 모임 후, 인공지능 연구는 크게 발전했다. 인공지능의 대표적인 연구분야로는 자연어처리, 음성인식비전, 전문가시스템, 지식표현, 학습 등이 있다. 이 외에도 로봇공학 프로그래밍 자동화 계획법 등이 있다.

인공지능과 관련된 학문 분야로는 심리학, 언어학, 논리학 등이 있고, 최근에는 전산학 분야에서도 밀접한 연구를 하고 있다. 응용분야는 포괄적이고 이의 발전은 자동통역을 해주는 전화, 교통사고를 방지하는 차의 개발 등 놀라운 발명품을 가져다 주게 될지 모른다.

74. 인 력

인력이라면 '뉴턴의 사과' 이래 누구나 잘 알고 있는 것처럼 생각하지만, 그 실체에 대해서는 사실 아무도 모른다. 자석은 플러스와 마이너스 극이 서로 끌어당겨 들어붙는다. 대부분의 물체는 음양의 전기흡인작용에 의해 결합한다. 원자가 결합하는 것도 전자가 사이에 들어가 전기적으로 결합시키기 때문이다. 그러나 인간이 왜 땅위에서 살고 있는지, 왜 물체는 높은 곳에서 낮은 곳으로 떨어지는지, 물은 왜 높은 곳에서 낮은 곳으로 흐르는지를 물으면 '인력이 있기 때문'이라고 말할 뿐 그 인력(지구는 중력)이 무엇에 의해 생기는지 아직까지 확실히 밝혀지지 않았다. 전기적으로 혹은 자기적으로 플러스건 마이너스건 모두 지상에 낙하하므로 전기적 흡인력에 의한 것은 아닌 것이다.

유명한 학자들이 주장하는 여러 학설이 있으나 모두 알쏭달쏭한 이야기일 뿐이다.

75. 인큐베이터

우리말로 보육기라 하며, 미숙아 출산시 다른 성숙아 같이 정상적인 수유와 성장이 가능할 때까지 인공적으로 보살펴주는 기구이다. 인큐베이터의 사용 목적은 미숙아가 정상체온을 유지하도록 온도 및 습도를 일정하게 유지하기 위한 것이며, 산소공급, 외부로부터의 격리 및 감염방지, 그리고 환아의 상태관찰 등에 사용된다. 종류에는 폐쇄형과 개방형이 있다. 미숙아는 미리 온도를 조절해놓은 인큐베이터에 넣어서 간호하는 것이 원칙이며, 미숙아실 온도는 22~25℃, 인큐베이터 내의 온도는 32~34℃로 유지

알기 쉬운

하는 것이 좋고, 체중이 적을수록 높은 온도로 조절해야 한다.

미숙아란 임신 37주 이전에 태어났거나 체중이 2kg 이하인 아기를 말하여 대개 7~8% 아기가 임신 37주 이전에 태어난다고 알려져 있다. 미숙아는 반드시 인큐베이터 같은 특별한 치료실에서 치료받아야 한다.

76. 인터페론

항생물질은 세균성 감염을 억제함으로써 의학에 많은 도움을 주었다. 그런데 바이러스의 경우는 간단하지 않다. 생물은 자연방위력을 갖고 있다. 즉 바이러스에 대한 저항력을 갖는 단백질 분자를 합성, 세포가 침범 당하는 것을 방지하는 것이다. 이런 항체 중에는 일생 동안 지속되는 것도 있는데 홍역, 수두, 유행성이하선염 등의 바이러스 병에 걸렸다가 나으면 면역성을 갖는 경우다.

1930년대 세포가 항체를 만들 수는 없지만 바이러스와 싸워 물리칠 수 있다는 증거가 나왔다. 바이러스 간섭이 바로 그것이다. 1957년 영국의 아이잭스는 바이러스가 세포에 들어오면 그 자극으로 단백질이 만들어지고, 그것이 세포 안에 남는다는 사실을 밝혀냈다. 그 단백질을 아직 침범 당하지 않은 세포에 주입하면 바이러스의 증식을 억제하는데, 이 단백질을 인터페론이라고 이름 붙였다.

77. 일 주 성

시계를 보지 않고도 배고픔으로 식사시간을 알 수 있고, 졸음으로 취침시간을 알 수 있다. 우리 몸 속에서 일어나는 주기적인 변화 때문에 시간의 경과를 알 수 있게 되는 것인데 이런 주기는 생물시계의 한 예다. 그렇다면 무엇이 이러한 생물시계를 움직이는 것일까. 외부세계에서는 생물 외에도 정확한 주기를 가지고 있는 것이 있고 동물, 식물의 경우에도 그렇다. 최근 생물학자들 사이에서는 생물이 가지고 있는 '시계'에 대한 자세한 연구가 진행되고 있다. 이러한 것 중에서 가장 강한 리듬은 낮과 밤, 따뜻하고 밝은 것, 어둡고 차가운 것의 교체다. 이와 같이 하루 정도의 주기를 가지고 변화하는 것은 대단히 적다. 하루 주기의 리듬을 일주성(日週性)이라 하는데, 이 말은 '약 하루'라는 뜻의 라틴어에서 유래했다.

78. 입자가속기

원자나 소립자, 혹은 원자핵 파괴 등의 연구에는 강력한 원자탄환이 필요하다. 러더퍼드나 졸리오 퀴리 부부 등은 폴로늄과 라듐으로 이루어진 알파입자를 다른 원자를 쏘는 탄환으로 사용했다. 그러나 이것은 속도가 별로 빠르지 않아 무거운 원자핵을 감당하지 못했다. 반디그라프의 가속기나 콕크로프트와 월튼의 가속기는 고전압의 정전기로 양자·알파입자 등의 하전입자를 가속하는 입자가속기이다.

이것은 모두 전장·자장을 이용하여 가속이 이루어지기 때문에 탄환으로 쓰는 것은 반드시 전하를 가진 입자이어야만 한다. 전기적으로 중성인 중성자나 하전하지 않는 원자 및 분자는 직접 가속할 수 없다.

원자의 탄환이 되는 입자는 앞에서도 언급한 양자와 알파입자 이외에 무거운 수소의 원자핵인 중양자 또는 전자 등이다.

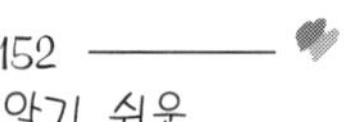

1. 자기권

　　1600년 영국의 내과의사 길버트는 자기 나침반이 흔들리는 이치를 살펴 지구 자체가 하나의 거대한 구형의 자석임을 밝혔다. 다른 자석과 마찬가지로 지구에도 두 개의 자극이 존재한다. 1957년 그리스의 크리스토필로스는 지구 부근의 하전입자는 지구 자장에 붙잡혀 있기 때문에 자극의 한쪽에서 다른 쪽으로 자격선을 따라 형상을 그리고 있다는 가설을 세웠다. 이는 오늘날 크리스토필로스 효과라고 부르는 것이다. 이 때문에 일어나는 오로라 현상은 하전입자와 대기 상층의 분자가 서로 영향을 주고받으며 만들어낸 아름다운 현상이다. 크리스토필로스의 연구는 1958년 로켓의 조사로 지구를 포함한 하전입자의 영역이 발견되면서 확증되었다. 이 영역 발견에 종사했던 과학자 반 알렌을 기념하여 새로운 하전층을 반 알랜대, 오늘날에는 자기권으로 부른다.

2. 자기단극

　　1870년경 스코틀랜드의 맥스웰은 전기와 자기에 관한 이론을 정립했다. 그는 전기와 자기가 특별히 밀접한 관계를 갖고 있고, 양자는 상반되면서도 동시에 존재한다고 했다. 그의 이론에 따르면 전기와 자기는 모든 점에서 완전히 똑같은 것처럼 사용될 수 있다. 그러나 양자 사이에는 커다란 차이가 있는데 물체는 음과 양, 한쪽의 전하를 띨 수 있겠지만 하나의 입자에 두 가지 전하가 함께 존재할 수 없다. 전자는 음전기만을 양자는 양전기만을 띠고 있다. 자기도 북극(north pole)과 남극(south pole)으로 나뉘어 두 종류의 자기량이 있다. 1931년 영국의 물리학자 디락은 전기와 자기가 완전히 비슷한 것으로 취급되기 위해서는 북극이나 남극 한쪽 자기만을 띤 입자가 필요하다고 주장했다. 그리고 이러한 입자를 자기단극이라고 불렀다.

3. 자연발화

탄광지대를 걷다보면 석탄무더기에서 불이 붙어 활활 타는 것을 볼 수 있다. 그 무더기는 상품가치가 별로 없는 석탄이나 토사를 버린 것으로 누군가 일부러 불을 붙인 것도 아니다.

자연물도 일단 점화하지 않으면 타지 않는다. 그것은 자연발화온도를 넘지 않으면 연소되지 않기 때문이다. 목재는 250℃ 정도가 되어야 불이 붙기 시작한다. 자연발화온도가 낮은 것도 있는데 황린의 경우 30℃이다. 그러면 석탄무더기는 어떻게 된 것일까. 석탄은 오랫동안 쌓아두면 자연발화가 일어난다. 석탄 성분은 공기 중의 산소를 흡수하여 서서히 산화하는데, 그 때 약간의 온도가 상승하며 이 열이 빠져나가지 못하고 축적되면 35℃가 되어 불이 붙는 것이다. 공장의 쓰레기장에서 거름 쓰레기가 자연발화하는 것도 이와 같은 현상이다.

알기 쉬운

4. 자 외 선

눈에 보이지 않는 광선의 일종인 자외선은 여러 가지 작용을 한다. 햇볕에 검게 그을리는 것은 태양열 때문이 아니라 햇볕에 포함되어 있는 자외선 때문이다. 자외선이 유해하기 때문에 이를 방어하기 위해 멜라닌이라는 색소가 피부에 생성되는 것이다. 그러나 자외선을 전혀 쬐지 않으면 건강에 좋지 않다. 자외선은 몸속에 비타민 D를 만들어 주기 때문이다. 비타민 D가 부족하면 결핵이나 구루병에 걸리기 쉽다.

보라색의 빛의 파장은 0.38미크론이고, 자외선의 파장은 그 이하이다. 보라색보다 파장이 짧은 빛은 우리 눈에 보이지 않는다. 파장이 짧을수록 자외선의 에너지가 커지고 그 작용도 강해진다. 햇볕에 그을리는 데 가장 효과가 큰 것은 0.3미크론 정도이다. 수은 등으로 자외선을 발생시켜 살균소독을 하기도 한다.

5. 자 이 로

팽이는 가지고 놀 때는 재미있으나 그 운동을 물리학적으로 공부할 때는 싫증이 날 것이다. 그래도 그것을 공부해야 하는 이유는 팽이의 운동이 유용하기 때문이다. 피겨스케이팅 선수가 보여주는 스핀 묘기도 팽이의 원리와 같다. 회전하는 팽이의 축을 어느 한쪽으로 기울게 하려면 축은 힘에 저항을 보이며 일정한 방향을 유지하려 한다. 때문에 회전하는 팽이는 수직으로 서 있을 수 있고, 또 그 축이 언제나 원래의 방향에 위치하려는 성질을 이용하여 배의 키를 조종하는 '자이로 컴퍼스'를 만들 수도 있다.

어디에 두어도 바퀴의 축을 원래 방향을 향하고자 하는데 배의

자이로도 그런 것으로 축의 방향을 남북으로 향하게 하면 자석 없이
도 방향을 알 수 있고, 그것이 자동적으로 키를 조종해주기도 한다.
또 회전축을 수직으로 한 무거운 자이로를 돌리면 배의 안정을 유지
하고 옆으로 흔들리는 것을 막아준다. 팽이 곡예도 마찬가지이다.

6. 자 장

자석은 16세기경 먼 바다로 항해가 잦아지면서 점차 실용화
되었고, 1600년 영국의 길버트는 자구가 거대한 자석이라는 것을
발견해냈다. 지구는 분명 자석이다. 그러므로 지구 표면에서는
어디서나 자석의 작용을 받는다. 자석이 힘을 받는 장소를 자계
또는 자장이라 한다. 철사를 말아 코일을 만들어 전류를 흐르게
하면 코일 주위에 자장이 생기는데 이것은 모터 등 전기기계에 이
용된다. 그렇다면 지구의 자극과 자장은 어떻게 생긴 것일까? 어
딘가에 거대한 자철광이라도 묻혀있는 것일까?

그러나 자석은 고온에서 열을 가하면 자력을 상실해버리고
지각 깊숙한 곳은 고온이기 때문에 자석이 존재할 리가 없다. 그
래서 지금은 지구가 거대한 발전기이고, 자전하는 지각 내부에 전
류가 돌며 흐르고 있다고 생각한다. 달에 자장이 없는 것은 내부
까지 딱딱하기 때문이다.

7. 잠 수 병

잠합병이라고 해도 마찬가지인데 잠수부가 갑자기 물 위로
올라와 압력이 부가되어 있는 상태에서 잠수복을 벗으면 곧 이 병
으로 쓰러지게 된다. 이런 증상이 교량의 기초공사, 빌딩의 잠수

알기 쉬운

작업에서도 일어나기 때문에 잠수병이라는 말이 붙여졌다. 우리 몸은 항상 1기압, 약 1㎠ 당 1kg의 압력을 받고 있다. 이 때는 몸의 내부까지 들어가 안팎의 균형이 유지되고 있기 때문에 아무런 이상을 느끼지 못한다. 그러나 만약 몸 안팎에 압력 차가 생기면 여러 가지 고장이 발생한다. 잠수부가 깊은 물 속으로 들어갈 때는 압력과 평형을 유지할 수 있도록 옷이나 헬멧에 압축기를 사용하여 압력을 높여주고, 반대로 떠오를 경우 옷 속의 압력을 감소시켜 가다가 1기압이 되었을 때 옷을 벗어야 한다. 갑자기 압력을 빼버리면 혈관을 폐쇄시켜 혈전증을 일으킨다.

8. 저 온 학

100여 년 전만 해도 사람들은 자연상태의 온도보다 낮은 온도를 만들지 못했다. 1860년경 영국의 줄과 톰슨은 외부로부터의 열을 차단한 채 기체를 팽창시키면 온도가 낮아진다는 사실을 처음 발견했다. 이것을 줄-톰슨 효과라고 부른다. 이 효과는 냉장고나 냉방용 장치에 쓰이고 있다.

압력에 의해 액화된 가스가 기화되면서 주변에 있는 공기를 기화시키는 것이다 이러한 과정을 이제는 압축은 밖에서, 기화는 내부에서 이루어지도록 하면서 반복하면 열은 끊임없이 밖으로 배출되는데 이런 효과를 이용하여 낮은 온도를 만들 수 있게 되었다. 얼음이 어는 것은 섭씨 0℃ 혹은 273K다. 1877년 스위스의 듀어는 33K라는 낮은 온도에 도달함으로써 기체수소를 압축시키는데, 1911년 네덜란드의 온네스는 4.2K를 만들어냄으로써 헬륨의 액화에 성공했다.

9. 적색편이

1842년 오스트리아의 도플러는 어떤 음을 내고 있는 발음체가 관측자에 가까워지는 경우 정지해 있는 것보다 높은 음으로 들린다는 것을 실험적으로 증명했다. 도플러 효과라는 이 현상은 어떠한 파동현상에도 마찬가지로 볼 수 있다. 빛의 경우 광원이 가까워지면 광원에서 나온 광파는 압축되어 파장은 짧아진다. 빛을 각각의 파장으로 분해한 스펙트럼을 비교해보면 모든 파장은 짧은 쪽으로 편이(偏移)하고 있다는 것을 알 수 있다. 파장이 짧은 보라색으로 광원이 가까워지는 경우의 도플러 효과는 자색편이라 한다. 반대로 광원이 멀어지고 있다면 파장은 길어지며 스펙트럼은 파장이 긴 빨강 쪽으로 편이한다. 이것을 적색편이라 한다. 1920년 미국의 천문학자 허블에 의해 멀리 있는 은하계를 제외한 모든 성운은 우리들에게서 멀어지고 있다는 것이 밝혀졌다.

10. 적외선 스토브

우리가 눈으로 느낄 수 있는 광선의 범위는 그다지 넓지 않다. 파장으로는 0.38밀리미크론에서 0.77밀리미크론까지인데 이 범위를 '가시광선'이라 한다. 그 긴 파장의 끝 쪽이 붉은색으로 느껴지는데 그보다 파장이 더 길게 느껴지면 우리 눈에는 보이지 않게 되므로 그 이상을 '적외선'이라고 부르고 있다. 적외선은 보이지 않지만 물체에 닿으면 열로 작용하기 때문에 우리의 피부에 뜨겁게 느껴진다. 태양열이나 스토브가 멀리 있어도 열을 느낄 수 있는 것은 적외선을 내고 있기 때문이다. 그래서 적외선은 '열선'이라고도 한다. 스토브는 연료를 태워 열을 내게 하는 도구로 그

알기 쉬운

열은 복사(輻射)와 대류(對流), 전도(傳道) 중 한 가지 방식으로 우리 몸에 전달된다. 대류에 의한 것은 곧 상승되고 전도는 직접 닿아야 효과가 있다. 복사열 즉 적외선은 떨어져 있는 장소까지 곧바로 날아온다.

11. 전기 해파리

실제로 이런 이름을 가진 해파리란 없다. 여름철 해안에서 일어난 해파리 소동을 보고 신문기자가 지어낸 이름이다. 마치 전기 쇼크를 받은 것처럼 심한 아픔을 느끼기 때문에 '전기해파리'라는 그럴듯한 이름이 붙여진 것이다.

이 해파리의 영어 이름은 '포르투갈의 군함'이라는 뜻을 갖고 있다. 쏘이면 통증이 심하지만 전기뱀장어처럼 전기를 발생시키지는 않는다. 통증은 이것이 분비하는 독액 때문이다. 머리라기보다 몸체라는 것이 옳고, 작은 젤리 상태의 나폴레옹 모자 같은 형태를 하고 있다. 머리가 작은 대신 발은 매우 길어 1m 이상 된다. 발에는 독을 가진 세포가 있다. 그 긴 다리가 신체를 걸치면 끈 모양으로 부풀어올라 몹시 아프고 자국이 남는다. 8월 초부터 태풍성 파도를 타고 태평양쪽 해안으로 흘러 들어온다.

12. 전기영동

거대한 단백질분자에는 여러 가지 종류가 있다. 단백질분자는 전극을 설치하고 전압을 가하면 한쪽으로 이동하게 되는데, 이동하는 방향과 속도는 분자의 전하 상태에 따라 결정된다. 따라서 서로 비슷한 분자라도 그 이동 속도와 방향이 다르게 나타난다.

이 사실은 1899년 영국의 생물학자 하디가 처음으로 밝혀냈다.

단백질 혼합액 속에 전류를 통하게 하여 각 성분을 검출, 분석할 수 있게 된 것인데 이런 방법을 '전기영동'이라고 한다. 1937년 스위스의 화학자 티세리우스는 여러 개의 렌즈를 이용, 광선의 굴절 변화를 관찰함으로써 단백질 혼합물의 농도 변화를 추적할 수 있었다. 또한 자신이 고안한 U자 관을 이용하여 각 성분을 추출해냈다. 전기영동법은 혈액의 화학성분의 미세한 변화를 추적함으로써 질병의 경과를 진단하는 데 이용되기도 한다.

13. 전류의 자기작용 (에르스텟)

자석은 철을 끌어 다니는 성질이 있는 물체를 말한다. 서로 다른 극은 끌어당기고, 같은 극 사이에서는 멀어낸다. 그래서 남극과 북극을 가지고 있다.

전기 또한 가벼운 종이 같은 것은 끌어 당기는 에너지의 한 형태로 양전기와 음전기가 있고, 둘 사이에는 인력이 작용하며 같은 종류의 전기는 자석처럼 척력이 작용하고 있다. 그렇다면 자석과 전기 사이에는 어떤 관계가 있을까? 덴마크의 에르스텟은 이 자석과 전기의 관계를 연구하였다. 자석과 전류 사이에 깊은 관계가 있음을 발견한 에르스텟의 논문은 곧 유럽에 알려지게 되었다. 당시 프랑스의 앙페르도 에르스텟의 논문을 읽고 실험을 시작하여 전기의 흐르는 방향을 양극에서 음극으로 향하게 하고, 자극의 바늘이 기울어지는 방향을 관찰하여 오른손의 법칙을 발견하였다. 이 발견을 계기로 전기의 문명시대를 열게 된 것이다.

14. 전 리 층

전파는 빛과 같은 전파이므로 공간을 똑바로 진행한다. 그렇다면 지구는 둥글기 때문에 보이지 않는 반대편까지는 전파가 닿지 않고 기껏해야 지평선 부분까지만 간다는 이야기가 된다. 그런데도 라디오 전파는 훨씬 멀리까지 이르고, 지구 반대쪽에까지 통신할 수 있다. 무엇 때문일까? 그것은 우주의 교묘한 장치 때문이다. 지구대기의 상층에는 전파를 반사하는 층이 만들어져 있다. 지상에서 발사된 전파는 이 층에 부딪쳐 세차게 튀어 되돌아온다. 그리고 나서 지면에서 반사해 나간다. 이렇게 위 아래 사이를 반복하면서 지구의 반대쪽까지 전파가 전달되어 가는 것이다. 바로 이 상층에 있는 반사층을 전리층(電離層)이라고 부른다. 과거에는 발견자의 이름을 따서 헤비사이드층이라고 했다. 전리층은 태양으로부터 오는 강한 자외선에 의해 대기상층의 원자가 이온화된 것으로 생각할 수 있다.

15. 전이 리보핵산

세포 내에서 합성되는 효소의 구조는 염색체에 있는 디옥시리보핵산(DNA)의 분자구조로 결정된다. 그런데 뉴클레오티드가 사슬모양으로 중합되어 있는 DNA분자는 세포 핵 속에 존재하지만, 아미노산이 사슬 모양으로 연결되어 만들어진 효소는 세포질 속에 존재한다. 그러면 핵과 연결시켜 주는 것은 무엇일까. 바로 리보핵산(RNA)이다. 1955년 미국의 호글랜드는 세포질의 세포액 속에 작은 RNA분자가 용해되어 있는 것을 발견하였다. 더구나 이런 작은 RNA분자는 종류도 다양하였다. 이 작은 RNA분자가 메신저 RNA 사슬에 끼어 들어갈 때 그 분자의 종류와 배열 순서는 코돈의 종류와 배열 순서에 의해 결정된다. 그렇게 해서 특정한 효소분자가 합성되게 되는데, 이 작은 분자는 메신저 RNA로부터 받은 유전정보를 전달하는 역할을 한다고 하여 전이 RNA라고 한다.

16. 전　자

전자는 1890년 톰슨에 의해 발견되었다. 그 모임이 전기의 본체이고, 전자의 흐름, 즉 전류인 것이다. 그리고 전자는 모든 물질 중에서 최소의 입자로 정해진 것이다. 이러한 전자의 부피를 측정한 사람이 있었다. 그는 밀리킨이라는 물리학자로 작은 알맹이의 부피와 전하의 관계도 측정했다. 전자는 모든 물질 속에 존재한다. 어떤 원자에서도 원자핵 둘레를 전자가 돌고있기 때문이다. 그러므로 플라스틱 등을 마찰했을 때 정전기를 띠는 것은 그 전자의 일부가 표면에 모여드는 것이라고 할 수 있다. 금속 안에는 자유전자라는 움직이기 쉬운 전자가 있어 전류의 바탕이 된다. 또한 전자는 물질의 알맹이이면서도 파동이라는 기묘한 존재다. 모양도 희미해져 있고, 정확한 위치는 파악하지 못하고 있다. 스토니가 일렉트론이라는 이름을 붙였다.

17. 전자냉동

모터, 펌프, 냉각에 필요한 냉매인 프레온가스도 필요없다. 게다가 소리도 나지 않는 냉장고가 만들어진 것이다. 이것을 전자냉동이라 하는데 특별히 전자가 방사되거나 트랜지스터가 작동되

알기 쉬운

는 것은 아니다. 오래 전에 펠티어라는 물리학자가 발견한 '펠티어 효과'를 응용한 것이다. 서로 다른 두 종류의 금속을 접속해 둔다. 그 접점에 가열하면 전기가 생겨 전류가 발생하는데 이것은 열전대라 하여 온도계에 이용되고 있다. 반대로 외부에서 전류를 흐르게 하면 접점의 온도가 내려간다. 그렇게 해서 냉동효과가 생기게 하는 것으로 이것이 펠티어 효과이다.

보통의 열전대에 사용되는 백금 또는 알로멜 등의 금속철사로는 냉동효과라고 할 정도의 온도 강하가 어렵고 근래 들어 비스마스합금, 반도체 종류를 이용하여 효과를 크게 상승시킬 수 있게 되었다. 이것을 냉장고에 이용하는 것이 전자냉동이다.

18. 전자사진

전자사진은 오히려 전자인화지라고 하는 쪽이 더 어울릴 것이다. 전자공학을 응용한 인쇄기술의 하나로 '제로그라피'라고도 불린다. 금속 표면에 빛이 닿아 전자를 밖으로 내쫓아버리는 것이 광전효과인데 반도체 중에는 빛이 닿으면 전기 전도성을 발생시켜 전기를 흐르게 하는 것이 있다. 그러한 현상을 인화에 이용하는 것이 전자사진이다.

빛이 닿지 않는 깜깜한 곳에 놓으면 전도성을 나타내지 않는 플라스틱 반도체를 얇게 펴서 감광층을 만든다. 그 표면에 먼저 마이너스 전하를 주고, 그 위에 그림이나 사진을 프로젝터로 투사한다. 그러면 빛이 닿는 부분은 전도성을 나타내게 되어 그 곳만 전하가 사라진다. 그리고 빛이 닿지 않는 부분은 원래대로 마이너스 전기를 띠고 있다.

그 다음 이것을 플러스 전기를 가진 검은 가루를 뿌려 덮어둠
으로써 현상한다.

19. 전자파 장애

헤르츠가 인위적으로 전자파를 발생시킨 지 1백 년을 넘지 않
아 오늘날 전자파는 우주 개발에서 가정용품에 이르기까지 귀중
한 자원이 되어 쓰임새가 다양해졌다. 그러나 더없이 편리함을 가
져다 준 전자파는 수질오염, 대기오염과 성격이 다른 새로운 환경
오염인 스펙트럼 오염을 발생시켰다. 이를 '전자파 장애'라고 부른
다. 전자파 장애가 사회적으로 처음 문제가 된 것은 1930년대 라
디오 전파에 무선주파가 끼어 들어 잡음을 일으켰던 것이다. 오늘
날 전자파 장애는 새로운 국면을 맞이했다. 다양한 전자제품들이
상호간섭을 일으키는 현상이다. 라디오를 듣다가 형광등을 켜면
'지지직' 하는 소리가 나는 것이 그 예다.

얼마 전 일본에서는 전자파 장애로 로봇이 기능 이상을 가져
와 인명피해도 발생했다. 항공기의 항로이탈, 전투 중 통신기기
나 레이더의 고장은 물론 인체에 악영향을 미칠 수도 있다.

20. 전자현미경

눈에 보이는 광선을 사용하는 광학현미경은 배율이 1500배까
지어서 박테리아보다 작은 것은 볼 수 없다. 바이러스 등 더 작은
물질을 보는 데는 그보다 훨씬 짧은 파장을 가진 파(波)가 아니면
해상력을 얻을 수 없다. 감마선이나 엑스선은 물질을 투과해버려
그것을 확대하는 렌즈를 얻을 수 없다. 이런 고민을 해결한 것이

알기 쉬운

전자이다.

전자는 매우 파장이 짧은 파이다. 게다가 전하를 갖고 있어 그것이 움직일 때 자장으로 진행 방향이 구부러진다. 즉 이런 성질을 이용하여 전자를 굴절시키는 전자렌즈를 생각해낸 것이다. 그것은 전자의 흐름을 빛에 대한 유리렌즈처럼 굴절시킨다. 그리고 전자가 충돌해서 얻어진 상을 확대해서 스크린에 비추어낸다.

전자현미경 자체의 배율은 수천 배 정도지만 그 사진을 확대함에 따라서 수만 배나 되는 현미경사진을 얻을 수 있다.

21. 전파천문학

별은 빛이나 열선을 내고 있는 것처럼 전파도 발사하고 있다. 1931년 미국 벨전화연구소의 기사가 무전수신기에 이상한 잡음 전파가 들어오는 것을 발견하고, 그 원인을 추적하다가 아득히 먼 우주의 일부로부터 왔음을 알았다. 이렇게 해서 우주로부터 전파를 찾는 전파천문학이 생겨나게 되었다.

전파로 별이나 우주를 탐색하는 전파천문대로는 미국의 슈가 글르로브가 최대이다. 지름이 200m나 되는 큰 파라볼라안테나를 가지고 있는 '전파망원경'을 갖추고 있다. 이것으로 우주를 탐색하면 380억 광년 떨어져 있는 전파도 검출할 수 있다고 한다. 그것은 팔로마산의 200인치 반사망원경의 20억 광년에 비하면 무려 19배나 먼 곳을 알 수 있다는 것이다.

전파천문학은 그처럼 먼 곳의 별의 전파뿐만 아니라 태양전파도 연구하고 반사전파를 조사하기도 한다.

22. 점 토

점토를 점토세공에나 쓰는 진흙이라고만 생각해서는 안 된
다. 점토는 끈기가 있고 가소성이라고 하여 의도대로 모양을 만들
수 있어 인간생활에 매우 유용한 도구를 제공해 주었다. 이것은
불로 구우면 점토입자가 서로 단단히 녹아 붙어 암석과 같은 질그
릇이 된다. 점토의 성분은 규산알마늄으로 미세한 광물입자 벤토
나이트, 몬모리로나이트 등과 같은 광물은 점토광물의 대표격이
다. 점토는 도자기의 원조만이 아니라 공업적 용도를 갖고 있고,
'규산백토'는 석유정제 등 화학공업에 중요한 촉매로 사용되며 벤
토나이트는 비스킷에 넣은 재료이다. 벤토나이트는 식용이 아니
고 비스킷에 씹는 감촉을 더하기 위해 섞으며 위생상 해가 있는
것은 아니다. 점토는 아탄층의 화학작용이나 온천의 작용 등으로
만들어지는 경우가 많다. 온천여토라는 점토는 유동성으로 산사
태를 일으키는 원인이 되기도 한다.

23. 정신분열증

입원을 필요로 하는 질병 중에 정신질환이 차지하는 비율이
높아가고 있다. 미국인 10명 중 1명 꼴로 어느 정도의 정신질환을
호소하고 있고, 그 중에는 심각한 정신분열증도 있다. 정신분열
증이란 명칭은 스위스의 브로이라가 1911년에 붙인 것이다. 정신
병원의 환자 중 반수는 일종의 분열증이며 또 전 인류의 1%는 분
열증에 걸려있다는 추정도 있다. 이 질병에 걸린 사람은 하나의
생각에만 사로잡혀서 다른 것은 생각할 수 없는 증상을 보였고,
마치 정신활동의 조화가 깨져서 일부분이 전체를 지배하는 것 같

알기 쉬운

이 보인다.

정신분열증을 옛날에는 조발치매(早發癡呆)라고 불렀다. 이 명칭은 정신분열증을 신체노화로 인한 노년성 치매와 구별하기 위해 붙여진 것이다. 발병의 원인은 아직까지 제대로 뚜렷하게 밝혀진 것이 없다.

24. 정 전 기

겨울 건조기에 화학섬유의 와이셔츠를 벗을 때 따닥 소리를 내며 정전기의 방전이 일어나기도 한다. 어두운 곳에서는 불꽃이 비칠 정도이다. 그러면 몇 볼트 정도의 전압이 생길까? 공기 속에서 전기 불꽃이 튈 경우 1㎝가 1만 볼트 정도이므로 미루어 짐작컨대 수만 볼트에 달할 것으로 생각된다. 그러나 양이 매우 적어 흐르는 전류가 미약해서 위험은 없다. 그래도 정전기 불꽃은 화재나 폭발사고의 원인이 된다. 겨울철에 애드벌룬 폭발이 일어나는 것은 천에 작은 구멍이 생겨서 수소가 새나올 때 정전기의 축전과 방전을 일으켜 수소에 불이 붙기 때문이다. 건조한 미국 등에서는 인화성의 가스를 취급하는 공장에서 화학섬유의 웃옷을 입는 것도 금지할 정도이다. 화학섬유에 정전기가 일어나면 먼지를 끌어붙이기 때문에 더러워지기 쉽다.

25. 제 트 기 류

제2차 세계대전이 한참 진행될 때의 일이다. 고공을 비행하던 미군기가 아시아 방면의 전투지역을 향해 서쪽으로 날아갈 때 평소보다 훨씬 많은 시간이 걸려 놀랄 정도로 연료를 소비하는 현

상이 발견되었다. 이 비행기는 그 때까지 밝혀지지 않았던 매우
강한 바람을 맞서서 날아갔던 것이다. 이러한 현상을 조사해 봄으
로써 매우 강한 바람이 지상 약 10㎞ 높이에서 서에서 동으로 늘
분다는 것을 알 수 있었다. 이들 풍속 중에는 때때로 시속 300㎞
이상이 되는 것도 있다. 이 바람은 좁은 구멍에서 불어오는 것처
럼 흐르기 때문에 제트기류라고 명명했다. 실제로 제트기류는 극
지방의 차가운 공기덩어리와 적도지방의 온난한 공기덩어리 사이
에서 불어오는데 적도를 끼고 북과 남으로 두 개의 제트기류가 있
다. 지표의 날씨는 제트기류에 따라 영향을 받는다.

26. 제한효소

인체 세포에서 유전암호를 포함하고 있는 DNA는 두 개의 긴
가닥이 서로 꼬여 이중나선 구조를 이루고 있다. 박테리아는 자신
의 세포를 다른 유기체 또는 파지(phage)의 침입으로부터 보호하
기 위해 제한효소를 만든다. 이 제한효소는 1960년대 후반에 처음
밝혀졌다.

대부분의 제한효소는 6~8개의 특정 염기를 인지하여 특정 형
태로 이 부위를 자른다. 현재까지 약 3000개의 제한효소가 발견되
었고, 230개의 다른 DNA를 자른다고 알려져 있다.

제한효소가 특정 DNA조각을 인지하고 자르는 특성은 클로닝
을 포함하는 유전공학의 기초적인 도구를 제공하는 것으로 워너
아버, 헤밀턴 스미스, 다니엘 나선스는 이에 관한 초기 연구로
1978년 노벨의학상을 받았다. 제한효소는 유전공학에 쓰이는 모
든 재료를 자르는 가위 역할을 하고 있다.

알기 쉬운

27. 조건반사

우리의 행동이나 감정의 상당 부분은 조건반사와 관계가 있다. 조건반사는 러시아의 생물학자 파블로프가 발견해낸 대뇌의 생리적 현상이다. 파블로프는 개에게 종을 울리고 먹이를 주는 행위를 반복하면 얼마 지나지 않아 개는 먹이를 보여주지 않더라도 종소리만 들으면 침을 흘리게 된다는 사실을 발견하고, 체험시킨 어떤 자극으로 인해 생리작용이 반사적으로 일어나는 현상을 조건반사라고 이름 붙인 것이다.

서커스나 곡예 등에서 조련사가 동물을 길들여 어떤 행동을 하도록 유도하는 것은 대부분 이런 조건반사를 응용한 것이다. 로켓이나 인공위성에 태워지는 개 등도 모두 조건반사의 원리와 같다고 볼 수 있다. 이것은 인간에게도 응용할 수 있는데 우주비행사의 훈련에 파블로프의 방식이 응용되고 있는지도 모른다.

28. 조셉슨 소자

조셉슨 소자는 영국의 조셉슨이라는 물리학자의 이름에서 따온 말로써 두 장의 초전도체 사이에 매우 얇은 절연체를 넣은 구조를 가진 소자이다.

조셉슨은 초전도에 관한 이론에 근거해 1962년에 전류의 흐름을 예측했다.

조셉슨 현상은 조셉슨 효과라고도 하는데, 두 개의 초전도물질이 어떤 얇은 절연물질로 격리되어 있어도 두 물질 사이에 전기가 흐르게 되는 현상을 말하며, 이렇게 두 개의 초전도체를 전도체가 아닌 물질을 사이에 두고 연결시킨 것을 '조셉슨 접합'이라고 한다. 일반적인 물질의 경우 전기적 전원을 연결하지 않으면 전기가 흐르지 않아야 하는데도 불구하고 조셉슨 접합의 경우 전기가 흐르게 되는 현상을 말한다. 조셉슨 접합을 하면 전류의 변화를 통해 아주 작은 자기장도 감지할 수 있어 신경, 근육의 흥분으로 생기는 미세한 자기장의 검출이 가능하다.

29. 종 두 법

1763년 유럽에서는 천연두가 크게 유행했다. 그 무렵 15세의 영국 소년 제너는 의사에게서 "우두에 걸린 사람은 진짜 천연두에는 걸리지 않는다."는 이야기를 들었다. 우두는 천연두와 비슷한 소의 병으로 우유를 짜는 여인들에게 옮아서 손등에 작은 부스럼이 생기는 경우가 있었다. 그러나 심해지지는 않고 부스럼만 나으면 그 사람은 천연두에 걸리지 않는 것이다. 제너는 이것을 무서운 천연두 예방에 쓸 수 있을 것이라 생각하고 의학을 공부했다.

1796년, 제너는 8세 소년인 필립스에게 우두 고름을 실험적으로 맞힌 결과 성공을 거두었다. 그리하여 제너는 인간의 천연두 고름을 소에 옮겨 다시 인간에게 주사하면 면역이 생겨 절대로 천연두에 걸리지 않으며 안전하다는 것을 발표했다. 이것이 종두법으로 우리 나라에는 1876년 지석영이 들여와 시행하였다.

30. 종 자 은 행

1970년대, 수량이 많고 우수한 유전자를 가진 양질 품종을 보유한 국가가 농업경쟁력의 우위에 있게 된다는 이른바 종자전쟁

알기 쉬운

이라는 말이 떠돌았고, 1990년대는 유전자 전쟁 또는 생물 자원 경쟁이라는 말이 유행했다. 이것은 종자나 품종의 중요성을 일컫는 말로서 품종개량에 필수적인 육종재료 확보와 관련된 기술의 중요성을 강조하는 말이다.

미래학자들 다수가 21세기 국력의 척도를 유전자원의 양과 질이 결정할 것으로 예측할 정도로 유전자원의 중요성은 증대되고 있다. 이러한 유전자원의 보존 및 확보가 바로 종자은행으로서 국가간에 경쟁이 치열해지고, 선진국과 개발도상국 사이에 이해가 첨예하게 대립되고 있는 실정이다. 이처럼 국가간에 발생하는 문제를 해결하기 위해 국제적으로 유전자원의 보존과 이용에 관한 여러 가지 협약, 규약 등이 있다.

31. 주 기 율

1789년 프랑스의 라부아지에는 33개의 원소를 적은 원소표를 만들었다.

1817년 독일의 라이너는 칼슘과 스트론튬과 바륨은 화학적 성질이 매우 비슷하다는 것을 발견했다. 그 후에 브롬이 발견되자 염소와 브롬과 요오드도 비슷하다는 것을 알게 되었다. 1863년 영국의 뉴라인즈가 원소를 원자량이 적은 쪽부터 큰 쪽으로 차례로 늘어놓으면 8번째나 16번째마다 성질이 비슷한 것이 나온다는 것을 발견했다.

이로써 원소 중에는 성질이 비슷한 것이 있다는 것이 확실해졌으나 그것을 알기 쉬운 모양으로 고쳐 쓸 수는 없었다. 그 후 1869년 독일의 마이어와 러시아의 멘델레프가 각각 별도로 고안한 주기율표를 발표했다. 두 사람의 고안은 서로 비슷했으나 멘델레프가 연구한 것이 상세했고, 주기율표는 새 원소의 발견과 화학 반응의 발전을 위해 크게 공헌했다.

32. 죽음의 재

죽음의 재의 위험은 비키니섬의 수폭실험 때 일본 제5호 구류 마루의 피해로 밝혀졌다. 그것은 원수소폭탄의 폭발로 생긴 방사 능물질의 재인 것이다. 우라늄 235, 또는 플루토늄이 핵폭발을 일으키면 원자의 핵분열 생성물이 여러 가지로 생긴다. 그것은 아연에서 가돌리늄이라는 원소까지 34종의 원소가 생기고, 어느 것이나 방사능을 가지고 있다. 그것은 작은 먼지가 되어 성층권까지 날아가서 마침내 비와 함께 땅에 떨어지게 된다. 그러나 대개의 분열 생성물은 수명이 짧고 급속히 감소하지만 스트론튬 90과 세슘 137은 수명이 길다. 스트론튬 90은 칼슘과 비슷한 원소로 물, 음식물과 함께 몸 속으로 들어가면 뼈에 모여서 배설되지 않고 베타선을 내어 백혈병을 일으키는 원인이 된다. 세슘 137은 식염의 나트륨과 함께 혈액에 들어가 유전장애를 일으킨다.

33. 준 성

제2차 세계대전 후 천문학자들은 전파의 진원지를 알아보려고 하늘을 탐색했다. 1960년대 초가 되자 어두워서 눈에는 띄지 않지만 강한 전파를 내보내는 별이 발견되었다. 보통의 별은 전파를 내지 않는데 왜 이렇게 강한 전파를 내는 것일까? 1963년 미국의 슈미드는 어두운 선은 보통 자외선 영역에 있는 것이지만 그것

알기 쉬운

이 장파장쪽으로 크게 편향된 결과 가시영역에 보이는 것은 아닐까 생각했다. 결론적으로 이런 전파를 방출하는 별은 극히 먼 거리에 있고, 10억 광년 이상 떨어져 있어 우주의 어떤 천체보다 멀고 그것은 보통의 별과는 다르다. 한 개 한 개의 별이 그렇게 먼 곳에 있다면 결코 볼 수 없기 때문이다. 그러한 천체에 대해 자세한 성질이 알려지지 않았던 까닭에 1964년 미국의 치우는 이를 준성(퀘이사)이라고 불렀다. 퀘이사는 은하계의 10배 이상 밝은 수수께끼의 별이다.

34. 중력렌즈

멀리 떨어져 있는 별에서 지구로 달려오는 빛은 태양의 중심 방향으로 약간 휘게 된다. 보통 때 우리는 태양 근처에 있는 별을 볼 수 없지만 개기일식이 일어날 때는 볼 수 있다. 1919년 천문학자는 태양 근처에 있는 별의 위치가 변하는 것을 확인했다. 이로 인해 그보다 3년 전에 발표되었던 아인슈타인의 상대성이론은 더욱 신뢰를 받게 되었다. 빛은 공기 중에서 유리와 같이 매질이 다른 곳으로 들어서면 굴절하는 성질을 가지고 있다. 지구에서 볼 때 하나의 천체가 바로 다른 천체의 뒤에 차지하고 있으면 먼 쪽의 별에서 오는 빛은 가까운 천체의 중심방향으로 약간 휜다. 이리하여 그 빛은 우리에게 도달하기까지 상당히 집중될 것이고, 먼 천체는 실제보다도 크고 밝게 보일 것이다. 이러한 효과를 '중력렌즈효과'라고 한다.

35. 중력파

모든 물체는 그 주위에 중력장을 형성한다. 또 물체가 가속도 운동을 하면 중력장에 변화가 생겨서 이 변화가 물결처럼 멀리 퍼져 나가게 된다. 이것이 중력파의 발생이다. 중력파는 수없이 발생되지만 실험적으로 관찰할 수는 없다. 중력파는 대부분의 경우 너무 약하기 때문이다.

중력파를 측정하기 위한 첫 시도는 미국의 매릴랜드대학 웨버 교수의 중력파 측정 안테나 개발로 시작되었다. 그 후 미국의 벨연구소와 IBM연구소, 휴즈연구소에서 계속되었으나 중력파의 존재에 대한 직접적인 확인은 이루어지지 않고 있다. 장래 그것이 가능할지는 모르지만 실현되면 검출 장치가 아주 비싸고 거대한 것이 될 것이다. 학자들은 지상에서 힘든 중력파 관측을 천체관측이라는 간접적인 방법으로 알아내려는 시도를 하고 있다.

36. 중력파 통신

중력파는 중력의 물결로 아인슈타인 방정식에서 그 존재가 예언되었는데, 질량과 에너지의 분포가 변화하면 그에 따라 주위 시공간의 일그러짐 방식도 변화한다. 이 시공간의 일그러짐의 변동은 더욱더 그 주위 시공간의 일그러짐을 유도한다. 이렇게 하여 마치 수면에 발생한 파문이 동심원 모양으로 퍼져 가는 것처럼 시공간의 일그러짐의 변동이 멀리까지 파동으로 전달되는 것이다.

시공간의 일그러짐이 큰 천체로는 중성자별과 블랙홀이 있다. 또 크게 상태가 변화하는 것으로서 별의 일생의 최종 단계인 초신성 폭발이 있다. 중력파 발생의 메커니즘은 블랙홀이나 중성

알기 쉬운

자별의 연성계의 충돌, 합체의 경우와 같다. 블랙홀의 질량은 태양의 100만 배에서 1억 배 크기이고, 발생 중력파의 주파수는 밀리헤르츠(mHz)이라고 예상된다. 중력파 통신은 중력파를 이용한 통신이다.

37. 중성자별

1968년 '펄사'라고 이름 붙여진 천체가 발견되었다. 이 천체는 1초 이하의 간격을 두고 매우 짧고 규칙적인 전파를 발생시키는 것으로 알려졌다. 무엇이 이러한 전파를 발생시키는 것일까. 그런데 매우 빠른 속도로 규칙적인 변화가 일어나기 위해서는 대단히 작은 천체가 강력한 중력장의 영향하에 있어야 한다. 가장 작고 강한 중력장을 갖고 있는 것으로 알려진 백색왜성이 있다. 그러나 천문학자들에 따르면 백색왜성도 펄사를 설명해줄 수 없다고 한다. 그렇다면 백색왜성보다 더 작은 천체가 있을 수 있을까? 백색왜성이 산산이 부서져 생긴 원자가 더욱 작게 부서졌다고 가정하자. 그 속의 전자는 엄청난 압력을 받아 전하가 없는 중성자들을 만들어 고체의 뉴트로늄이 된다. 이것은 태양만한 크기의 물질이 아주 작은 공으로 압축된 것과 같다. 펄사는 회전하는 중성자별이다.

38. 중 수

중수란 글자 그대로 무거운 물이다. 보통의 물 비중을 1로 치면 중수의 비중은 1.1이며 약 10% 정도 무거운 것이다. 중수는 어떻게 발견한 것일까? 물을 오랫동안 전기 분해하면 그릇에 남는 물의 비중이 차차 커지는데, 무거운 물 역시 물임에는 틀림없다.

무거운 원인은 물을 구성하는 수소원자 짝이 보통 수소보다 두 배가 되는 중수소이기 때문이다. 중수소의 원자핵은 양자와 중성자가 각각 1개로 되어 있으나 가벼운 보통 수소는 양자는 1개, 중성자는 없다. 중수는 천연의 물 속에 약 5000분의 1 정도 포함되어 있다. 그래서 간단히 추출할 수 없으나 전기 분해나 증류를 되풀이하여 만들어낼 수 있다.

중수는 가벼운 물과 성질이 약간 달라 화학이나 화학 연구용으로 사용되었고, 원자력의 중요한 재료가 되고 있다.

39. 중앙해령

1853년 대서양 해저전선을 부설하기 위해 수심을 측량하던 사람들은 대서양 한가운데 평지가 있음을 발견했다. 대서양의 중심부는 양단보다 얕은 사실을 알게 된 것이다.

1925년까지 사람들은 대서양의 중앙에 광대한 해저산맥이 있다고 생각했다. 그 후 각지의 수심측량 결과 이 해저산맥의 분포는 대서양에만 한정되어 있지 않다는 것을 발견했다. 이 해저산맥은 '대서양 중앙해령'이라고 불렸지만 세계에 넓게 분포되어 있는 것이 증명되면서 '중앙해령'으로 바뀌었다.

미국의 유인그와 히젠은 해저의 모양을 조사했는데 1953년 중앙해령 한가운데의 산등성이를 따라 깊은 골짜기가 있다는 것을 발견했다. 이 골짜기를 중앙해구라 불렀고, 깊이 찢어진 해구는 육지의 바로 곁에까지 이어졌다. 이 균열을 통해 용암이 분출되고, 용암은 해저를 눌러 모양을 넓히고 있다. 이것이 대륙이동의 원인을 제공하는 것이다.

알기 쉬운

40. 지 구 촌

　1945년 공상과학 작가인 클라크는 통신위성을 이용하는 것에 대해 최초로 설명하면서 지상 36,000㎞ 상공에 3개의 통신위성을 띄운다면 빛의 속도로 세계 각지의 사람들과 통신할 수 있을 것이라고 주장했다. 그 후 이 꿈은 현실화되었다. 1965년 최초의 상업 통신위성 얼리버드가 발사된 것이다.

　1971년에는 더욱 복잡한 위성인 인텔샛 4호가 발사되었다. 이 위성에는 전화 6000 회선과 TV 12개 채널을 실을 수 있었다. 앞으로도 통신위성과 레이저광선의 조합으로 수백만 채널을 통한 동시 통신이 가능하게 될 것이다. 영상을 통한 국제회의, 전송사진으로 즉시 운반되는 문서와 책……. 지구상의 모든 사람들은 어떤 정보원, 문화산물에도 언제든 접촉이 가능하여 지구라는 행성 전체가 하나의 촌과 같은 성격을 가질 것으로 이 같은 미래를 '지구촌'이라 한다.

41. 지 놈

　유전자와 염색체의 합성어인 지놈(미국식 발음) 또는 게놈(독일식)이란 각 생명체가 가지고 있는 유전자 정보를 통합하여 부르는 용어이다. 사람에게는 부모로부터 각각 유래한 23개씩 두 세트로 된 46개의 염색체가 있는데 이 중 일반적인 체세포 운영에 관여하는 염색체가 22개, 그리고 성염색체가 여성의 경우는 XX, 남성의 경우 XY를 갖고 있어서 이들 X와 Y 염색체를 합하여 24개 염색체가 갖는 유전자 정보를 Genome이라 한다.

　인간의 유전정보를 해독하려는 야심 찬 계획은 1990년 미국

국립보건원과 미국 에너지국에서 시작한 프로젝트로 그 후 15개 국가가 참여하여 30억 개 염기를 읽는 거대작업을 2000년에 완성하였다. 휴먼 지놈 프로젝트의 완성으로 인간이 갖는 DNA염기의 순서가 완전히 밝혀졌다. 현재의 예상으로는 인간 지놈은 약 5만~10만 개의 유전자정보를 포함하는 것으로 믿고 있다.

42. 지능테스트

1905년 프랑스의 심리학자 알프렛 비네는 지진아 아동의 지능을 정리하는 방법에 대하여 연구하고 있었는데, 최초의 척도자라고 할 수 있는 한 무리의 멘탈테스트를 고안했다. 그는 프란시스 가르튼 경의 작업에 큰 영향을 받고 있는데 가르튼 경은 영국의 심리학자로 1890년대에서부터 일반적인 지능테스트법을 고안하고 있었다. 비네의 지능테스트는 기억력, 추리력, 이해력을 측정하는 것이며, 1916년 미국에서도 심리학자 타먼에 의해서도 발표되었다. 비네의 체계는 완전히 실용주의적인 것이며, 이 분야를 20년에 걸쳐 지배했다. 지능지수, 즉 아이큐(IQ)의 생각을 처음으로 시사한 것은 1920년 독일의 심리학자 빌헬름 슈테르만이고, 타먼이 이것을 다시 채택해서 보급시켰다. 아이큐는 어떤 과제에 대한 정신연령을 실제 나이로 빼고 100을 곱한 것이다.

43. 지동설

성경의 창세기를 보면 지구가 둥글다는 것을 시사하고 있고, 지구가 우주의 중심이라는 말은 없다. 그러나 몇백 년 전만 해도

알기 쉬운

사람들은 지구는 평면이라고 생각했다. 또한 지구의 주위를 태양이나 다른 별들이 돌고 있다고 생각했다.

태양이 지구의 주위를 돈다는 설을 천동설이라 하는데 1500년경만 해도 이를 주장한 프톨레마이오스의 천동설은 사실로 믿어지고 있었다. 이 학설에 이의를 제기하면 화형이나 가혹한 형벌을 받았다. 그런데 의사였던 코페르니쿠스는 천동설에 의문을 품고 천문학에 깊은 관심을 갖게 되었다. 그는 깊은 밤까지 교회의 지붕 위에 올라가 천체를 관측한 결과 1554년, 지동설에 관한 이론이 담긴 「천체의 회전에 관하여」라는 책을 출판했다. 지동설에 의하면 지구는 우주의 중심이 아니라 다른 행성과 같이 태양을 중심으로 주위를 공전한다는 것이다. 그의 이론대로 지금도 여전히 지구는 태양을 중심으로 돌고 있다

44. 지레의 법칙

얼마 전의 실험 결과에 의하면 피라미드 안에서는 물이 얼지 않는다는 신기한 발견을 했다. 피라미드 안과 밖의 기온 차이는 불과 1℃ 정도이지만 이상하게도 안에서도 얼지 않던 물이 충격을 가하자마자 마술처럼 금새 꽁꽁 얼었다. 피라미드는 규모나 크기, 건축 방법 등이 아직도 신비에 싸여 있다. 이집트 기자라는 곳의 피라미드는 230만 개나 되는 돌을 쌓아 만든 것으로 전체 무게는 575만 톤이고, 어떤 돌은 한 개의 무게가 16톤이나 되는 것도 있다. 아르키메데스는 기원전 3세기경 이런 원리와 지식을 종합하여 지레의 법칙을 정리했다.

지레는 양쪽 끝에 각각 올려놓은 물체의 무게의 비가 받침점으

로부터의 거리에 반비례할 때 평형을 이룬다. 피라미드를 통해 사람들은 오랜 옛날부터 지레의 법칙을 이용해 왔음을 알 수 있다.

45. 지반 침하

일본 도쿄의 지반이 가라앉고 있다. 히비야 주변은 해발 0m가 되어 버렸고, 후카가와 부근에는 둑을 막지 않으면 바닷물이 들어온다. 오사카 항구, 아마가사키의 공업지대 또 니카티시 등에도 지반 침하 현상이 두드러지고 있다.

지반 침하는 지각의 변동에 위해 자연적으로 발생하는 경우도 있지만 문제가 되는 것은 보다 인위적인 인재로서의 지반 침하이다. 그것은 주로 지하수를 퍼올림으로써 빚어진다. 공업이 발달하면 막대한 양의 공업용수가 필요하게 되는데 하천의 물은 부족하고, 수로를 만들어야 하는 번거로움 때문에 어디서건 지하수 이용이 보편화되고 있다. 약간이라면 문제가 없지만 대량으로 퍼올리면 물이 포함되어 있던 지층이 수축되어 지반이 가라앉게 되는 것이다. 천연가스의 채굴로도 마찬가지인데 베네수엘라, 미국 텍사스주 등의 유전지대를 실례로 들 수 있다.

46. 지오이드

1680년대 아이작 뉴턴의 시대를 맞이하면서 지구가 완전히 구형을 하고 있지 않다는 사실이 밝혀졌다. 이후 18세기에 들어서서 정밀 측정 결과 뉴턴의 가설이 옳다는 것이 분명해졌다. 지구는 편형한 다원체를 이루고 있다. 지구 표면은 사실상 매우 불규칙한 모습을 하고 있다. 그러나 가장 높은 산은 해면에서 9000m

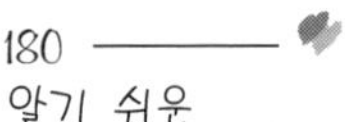

이하이고, 가장 깊은 바다 밑도 해면에서 1만m에 지나지 않는다. 게다가 산악지대는 가벼운 암석으로 해저는 무거운 암석으로 이루어져 산과 바다는 어느 곳에서나 중력은 그다지 다르지 않다. 최근 20년 동안 지질학자는 지구상의 여러 곳에서 중력 측정을 했다. 그래서 지구 표면의 모든 지점의 중력을 똑같이 하기 위해 지표를 깎거나 높이면서 지구는 어떤 형태를 이루는가 계산해 보았다. 이 때 중력이 똑같은 곳들이 이룬 일정한 모양을 지오이드(지구체)라고 하였다.

47. 지 진

초기 미동 때는 작은 진동이 계속되다가 결국 크게 흔들리기 시작한다. 대지진을 체험한 사람은 초기 미동의 느낌으로 다음에 오는 본진동의 강도를 예측할 수 있다고 한다. 자고 있어도 괜찮은지 불을 꺼야 할 것인지를 이 때 판단한다. 그러나 진원지에서는 이 두 가지가 한꺼번에 오기 때문에 판단의 여지가 없다.

초기 미동은 종파로서 상하로 움직이고, 본진동은 횡파로서 수평으로 움직이는데 종파를 P파, 횡파를 S파라 부른다. P파는 진원 부분에서 지각 속을 똑바로 뚫고 온다. S파는 일단 지표로 나온 진동파가 지표를 통해 전달되어 온다.

지진이 왜 일어나는지는 아직까지 정확하게 알려지지 않고 있고, 따라서 지진예보는 불가능하다. 다만 지진대, 지진발생주기, 지반의 융기와 경사 등의 이변으로 어느 정도의 예상이 가능할 뿐이다. 지진은 대륙에서 바다로 들어가는 경계 부분에 많다.

48. 직 업 병

　직업병은 작업환경이 좋지 못한 곳에서 오랫동안 작업을 함으로써 생겨나는 질병을 말하며 업무상 재해와는 구분된다. 업무상 재해는 작업장에서 일하다 사고 등으로 신체적 장해를 입는 것으로 원인이 비교적 뚜렷하다. 이에 비해 직업병은 좋지 못한 작업환경에 오랫동안 노출되어 일어나는 것으로 그 원인을 뚜렷하게 규명하기 어렵다.

　직업병은 열악한 작업환경에 장기간 노출된 후에 발생할 뿐아니라 유해환경에 노출되었다 해도 첫 증상이 나타나기까지는 상당한 시간이 걸리는 것이 특징이다. 직업병은 자세와 동작, 소음, 진동, 밝기, 분진, 중금속과 화학물질 등이 원인이 된다. 우리나라는 흔히 문제가 되는 직업병으로 정견완장해와 소음성 난청, 진폐증 등을 꼽을 수 있다. 최근에는 작업환경이 바뀜에 따라 냉방증후군, 빌딩증후군 등 새로운 형태의 직업병이 증가하고 있다.

49. 진 공 관

　전자라는 것은 진공 상태에서만 공간을 날 수 있기 때문에 라디오의 진공관이나 텔레비젼 브라운관 등은 모두 공기가 제거된 상태로 만들어져 있다. 따라서 그런 것도 진공관이긴 하지만 흔히 우리가 진공관이라 부르는 것은 열전자관 종류를 일컫는다.

　금속에 고온의 열을 가하면 전자가 튀어나오기 쉬워지는데 이렇게 고온에 의해 나오는 전자를 '열전자'라 한다. 그런데 단순히 열만 가해서는 열전자가 튀어나오지 않아 열을 가한 금속을 음극으로 하고, 그 가까이에 양극을 두면 전자가 음극에서 내몰려

알기 쉬운

양극으로 끌려 날아가게 된다. 이것이 열전자관의 구조와 원리이다. 이러한 진공관의 양극 사이에 정류작용으로 교류를 직류로 바꾼다. 또한 음극과 양극 사이에 '그리드'라는 제3극을 두고 희미한 전기 변화를 주면 큰 전류가 진공관에 흐른다.

50. 진 화

인류의 기원에 원숭이가 등장한 배경이 있다. 무엇일까? 영국을 비롯한 유럽에서는 생산기술의 발달로 상품의 판로를 개척하기 위해 탐험대를 조직했다. 찰스 다윈도 비글호를 타고 1831년 영국을 떠나 남미의 초원을 답사할 즈음, '짐승의 강'이라 부르는 곳에서 5m나 되는 짐승의 뼈와 화석을 보았다. 그리고 적도 밑 쟈담도에 도착했을 때 코끼리거북이들이 이동을 통해 조금씩 변화하는 것을 발견했다. 그는 1836년 영국을 떠난 지 5년 만에 항해 중에 관찰한 사실을 토대로 생물은 조금씩 변화한다는 진화의 확신을 가지고 귀항했다. 그로부터 20년 후인 1859년 「종의 기원」이라는 책을 발간하였는데, 자연도태에 의해서 하나의 종이 점점 변화되어 새로운 종으로 발전한다는 진화론을 발표한 것이다. 그러나 지금은 자연도태설에 대해 많은 의문이 제기되고 있다.

1. 차

차(茶)라는 단어는 영어의 '티', 독일어의 '테' 등으로 변형된 것도 있지만 대개는 그대로 차이다. 학명은 테아 시넨시스이고, 원산지는 중국이다. 그리고 차를 맛있게 만드는 법, 사용하는 법도 중국이 으뜸이다. 차의 잎에는 카페인이 1~3% 정도 포함되어 있다. 이것이 가벼운 흥분제로 작용하여 피로를 해소하는 데 도움이 되는 것이다. 카페인의 함유량은 차가 커피보다 7배 정도 많다. 의약용으로 사용하는 카페인은 주로 차잎을 원료로 만들어진다. 그리고 감기약에는 대개 카페인이 들어 있다. 차잎에는 카페인 외에 '디오피린'이란 향 성분과 비타민 C가 다량 함유되어 있다. 때문에 녹차를 자주 마시면 비타민 C의 결핍은 생기지 않을 것이다.

녹차는 미지근한 물에 우려내면 쓴맛이 나지 않아 좋다. 그것은 쓴맛의 원인인 타닌이 저온에서는 물에 녹지 않기 때문이다.

2. 천 연 두

18세기 말 제너가 종두를 발견하기까지 인류는 모두 천연두의 위협을 받아야 했다. 아무리 미인으로 태어났다 해도 언제 천연두에 걸려 흉측한 모습이 될는지 알 수 없었고, 생명을 빼앗길 위험도 컸다. 종두가 널리 보급된 뒤로는 천연두 흔적, 소위 마마

알기 쉬운

자국이 있는 사람은 별로 볼 수 없게 되었다. 그러나 과거에는 상당히 많았다.

천연두는 매우 무서운 병으로 처음에는 엄청난 고열로 의식이 오락가락할 정도인데 한 고비를 넘기면 열이 내리고 전신에 붉은 발진이 생긴다. 발진은 특히 얼굴에 가장 심하며, 나중에 노란 고름이 든 종기가 되고 치유되면서 자국이 남게 된다.

천연두의 병원체인 바이러스가 소에 감염되면 소가 천연두에 걸리지만 소는 사람처럼 심하게 앓지 않는 것에 착안하여 소의 발진 고름을 종두의 두묘(痘苗)로 사용하는 것이다.

3. 철 새

철새란 제비나 오리 등 특수한 새처럼 생각하기 쉬우나 대개의 새가 번식지와 월동지를 달리하여 계절이 변함에 따라 이동하는 새이다.

우리 나라에서 흔히 보는 제비, 뻐꾸기, 개똥지빠귀, 큰유리새, 청둥오리, 검은방울새, 두루미, 고니 등을 비롯한 대개의 새는 먼 거리를 건너는 철새이고, 동박새, 굴뚝새, 꾀꼬리, 때까치 등은 산지와 평야 사이를 이동하는 나그네새이다. 그리고 까마귀, 참새, 박새, 직박구리 등은 언제나 같은 곳에서 사는 텃새이다. 철새 중 봄, 여름에 우리 나라에 와서 집을 지어 번식하고 가을에 남쪽 원둥지로 되돌아가는 새로, 여름에 시베리아 캄차카 등에서 번식하고 추운 겨울만 피하여 우리 나라에 오는 새를 겨울새라 부른다. 새가 이동할 때 방향을 어떻게 정하는가에 대해서 지자기설, 상위설 등이 있으나 확실치는 않다.

4. 체렌코프 복사

진공 중에서 광속도(매초 30만km)는 질량을 가진 모든 입자가 지닐 수 있는 속도의 한계이다. 그러나 빛이 진공 이외의 매질을 통과하면 속도는 늦추어진다. 물 속에서의 빛은 23만km, 유리 속에서는 18만km, 다이아몬드 속에서는 12만km 속도로 진행한다.

입자가 매질 속을 달릴 때 속도는 점차 떨어지고, 그 때 잃은 에너지는 빛의 복사로 나타난다. 이 방출된 푸른빛은 속도 때문에 고속입자를 따라갈 수 없다. 이같이 빠른 속도를 갖는 입자로부터 방출된 푸른빛을 최초로 관측한 사람은 소련의 체렌코프로 1934년에 발표했다. 그래서 이 빛을 체렌코프 복사라 한다. 1937년 소련의 프랑크와 탐은 입자가 빛보다 빠르게 운동한다는 성질을 가지고 이 빛의 존재를 설명했다. 체렌코프 카운터라는 특별한 장치가 이 복사를 검출하기 위해 고안되었다.

5. 초심리학

인간은 자신을 둘러싸고 있는 외계에 관해서 여러 감각을 통해 인식한다. 그러한 것 중 주된 감각은 청각, 시각, 후각, 미각, 촉각이다. 그런데 우리는 외계를 느끼는 감각을 모두 알고 있을까? 미지의 감각은 없을까? 때때로 우리 주위에는 멀리서 일어나는 일이나 미래의 일을 아는 사람이 있다. 전자를 천리안, 후자를 예지라고 한다. 또한 다른 사람이 생각하고 있는 것을 아는 사람도 있다. 이것을 텔레파시라고 한다. 이러한 것을 총칭하여 초감각적 지각이라 하고, ESP라고도 부른다. ESP가 알려진 것은 미국의 심리학자 라인이 연구를 시작하면서부터다. 그는 1934년 「초

알기 쉬운

감각적 지각」이라는 책을 펴냈다. ESP의 과학적 연구는 초심리학
(parapsychology)이라 부르고 있다. 이 'para-'라는 접두사는 '…을
뛰어 넘어서'라는 뜻을 가진 그리스어이다.

6. 초원심기

대부분의 단백질 분자량은 수소 분자량의 1000배 내지 100만
배 정도이다.

보통의 방법으로는 그 큰 분자량을 측정할 수 없다. 만일 단
백질 분자가 좀더 크다면 침전될 것이다. 보통 용액 속의 물질이
침전되면 침전물이 형성될 수 있다. 이 때 침전되는 속도를 침강
속도라고 한다. 그런데 단백질은 중력이 너무 작아 침강속도 측정
이 불가능하다. 어떤 장치를 사용하면 중력의 크기를 변화시킬 수
는 없지만 중력과 비슷한 상태로 만들어낼 수 있을 것이다. 예를
들어 용기를 빨리 회전시키면 용기 속의 시료는 중심으로부터 멀
어질 것이다. 이런 현상을 원심효과라고 하며 그러한 장치를 원심
기라고 한다.

1923년 스웨덴의 화학자 스베드베리는 초원심기를 고안해냈
다. 이 장치는 대단히 빨리 회전하여 큰 원심력이 작용, 침강속도
를 알아내고 단백질의 분자량을 측정할 수 있다.

7. 초유동성

우주의 물질 가운데 헬륨은 화학적으로 안정되어 있어서 다른
원소와 화합물을 만들기 어렵다. 수소 다음으로 가볍고 다른 물질
보다 낮은 온도에서 기체 상태로 존재한다. 또한 압력을 가하지 않

는 한 절대온도 0도가 되어도 얼지 않고 액체헬륨은 열을 전도한다.

열전도 물질로 금속, 금속 중에서도 구리가 가장 빠르다. 그런데 1935년 네덜란드의 물리학자 케이솜 형제가 발견한 바에 따르면 2.2K 이하의 헬륨은 열을 전도하는 속도가 음속과 같다고 한다. 지구상에서 이보다 빠른 속도로 열을 전도하는 물질은 없다. 소련의 파키처는 액체헬륨의 열전도 속도가 빠른 이유로 액체헬륨이 매우 유동적이라는 사실을 밝혀냈다. 모든 기체, 액체는 유동성이 있어 '유체'라고 부른다. 유동속도는 분자 사이의 마찰(점성)에 의해 제한되지만 액체헬륨은 점성이 거의 없어 초유동성을 가지고 있다.

8. 초 음 속

소리는 공기 속에서 1초에 330m 속도로 진행한다. 이것이 음속이고, 이보다 빠른 것을 초음속이라 한다. 음속보다 빠른 속도일 때는 '마하수'라는 단위로 나타낸다. 즉 음속과 같을 때를 마하수 1, 음속의 2배는 마하수 2다. 제트여객기는 마하수 0.7~0.8, 콩코드나 팬텀은 마하수 1 이상의 초음속으로 진행한다. 현재 가장 빠른 제트기는 마하 3에 달한다. 비행기나 음속에 접근하기까지는 쉽지만 음속을 초월하는 데는 큰 어려움이 따른다. 그것은 '음속의 벽'이라고 하여 소리의 속도를 초월할 때 공기에 큰 파동을 일으켜 강한 저항이 되기 때문이다. 그래서 마력을 특별히 크게 하고, 기체 설계는 저항이 적게, 튼튼히 만들어야만 이 벽을 깨뜨릴 수 있다. 제트기가 음속의 벽을 깨뜨릴 때는 천둥소리나 강한 폭발음 같은 강한 충격파를 만들어낸다.

알기 쉬운

9. 초 음 파

사람에게는 들리지 않고 개에게만 들리는 휘파람이 있다. 이런 고주파 음은 이른바 초음파의 부류에 속하는 것이다. 초음파를 생기도록 하는 방법은 라듐을 발견한 마리 퀴리의 남편인 피엘 퀴리의 연구에 의해 1880년 처음으로 밝혀지게 되었다. 피엘 퀴리는 석영과 같은 비대칭 결정을 가진 '피에조 전기효과'를 발견했다. 결정이 압력을 받으면 플러스와 마이너스의 전기가 생기고, 결정이 전파를 대주면 공기의 진동을 일으키는 것이다.

초음파는 반사파를 생기게 하면서도 별로 퍼지지 않고, 많은 종류의 물질을 뚫고 나아간다. 따라서 오늘날 공업면에서는 불투명한 물체의 고장을 발견하는 데 쓰이고 있다. 또 액체 속의 기포를 유리시키거나, 박테리아를 죽임으로써 우유나 다른 액체를 살균하거나 초음파 세척, 화상 처리에 이용된다.

10. 초 전 도 체

금속 같은 전도체에는 전류가 흐르지만 유리나 유황, 고무 등의 물질에는 흐르지 않는다. 금속은 전도체로서 전도도를 갖지만 완전한 전도체는 없다. 어떤 금속이든 전기 흐름에 대해 어느 정도의 저항을 갖게 마련이다.

일반적으로 원자의 진동은 전류의 흐름이 방해가 된다. 그래서 온도가 높을수록 저항은 커지고, 낮을수록 저항은 작아진다. 19세기에 이르러 과학자들은 금속의 온도를 낮추는 데 성공했다. 1908년 네덜란드의 온네스는 금속의 온도를 절대온도 4.2도(4.2K) 이하로 내리는 데 성공함으로써 가장 액화가 어려운 헬륨을 액화시켰다. 그가 수은을 이용한 실험에서 절대온도 이하로 내린 상태로 전류를 통하게 했더니 전원을 끊은 후에도 전류는 계속 흘렀는데 이러한 상태의 금속을 초전도체라 한다. 수은 외에도 최근까지 초전도성 합금을 발견, 개발하고 있다.

11. 촉 매

기계로 만들어 움직이게 하려 해도 윤활유를 주입하지 않으면 마찰이 생겨 움직이지 않는다. 화학변화도 그와 같이 촉매라는 기름의 도움을 빌리지 않으면 진행되지 않는다. 산소와 수소를 섞어두고, 백금이나 파라듐의 미세 분말을 조금 넣어두면 불을 붙이지 않아도 금방 반응이 일어나 폭발한다. 백금이 산소와 수소의 중개역할을 하기 때문인데 이것을 촉매라 한다.

수소와 질소를 결합하여 암모니아로 만들 때는 철의 촉매작용을 이용한다. 학교의 화학실험에서 산소를 만들 때 과산화수소 용액 속에 이산화망간을 넣으면 곧 산소가 나온다. 이산화망간이 과산화수소를 산소와 물로 분해하는 촉매작용을 하기 때문이다. 모기향이나 연탄 등은 재를 섞어두어 천천히 타게 한다. 재 속의 칼륨산화물이 촉매가 되는 탓이다. 우리 몸 속의 반응도 유기촉매인 효소의 도움으로 움직이고 있다.

12. 추 진 제

'추진한다'라는 영어 'propel'은 '전진시킨다'라는 뜻의 라틴어에서 왔다. 탈것을 전진시키는 장치는 추진기로, 이것은 빠른 속도로 회전하면서 물과 공기를 뒤로 내보내는 방식으로 배와 항공

알기 쉬운

기를 전진시키는 것이다. 통에 화약을 넣고 점화하면 발생하는 기체가 뒤에 있는 출구로 분사되어 로켓은 그 반대 방향으로 추진되어 간다. 따라서 화약은 '추진하는 것 (propeller)'이지만 이 경우 특히 추진제 (propellant)라 불린다. 최초의 로켓 추진제는 화약을 사용했지만 20세기가 되면서 더 강력하고 효율이 좋은 추진제가 개발되었다. 로켓이 대기권 밖으로 나가려면 필요한 산소를 운반해야만 한다. 1926년 고다드가 대기권 밖으로 비행할 수 있는 로켓을 최초로 발사했을 때 가솔린과 액체산소를 추진제로 사용했다. 추진제를 몇 가지로 사용하느냐에 따라 일원추진제, 이원추진제라 한다.

1. 칼 로 리

'아무래도 음식물의 칼로리가 부족한 것 같다'든지 '가스가 5천 칼로리로 상승했다', 그리고 '석탄보다 석유가 칼로리가 높다'는 등으로 칼로리란 말은 우리 생활에 자주 등장한다. 칼로리란 열량을 나타내는 단위라고 알고 있지만, 구체적으로 생각해보면 잘 모르겠다는 사람도 많다. 예를 들어 음식물과 석탄의 칼로리는 어떻게 다른가. 석탄을 먹으면 어떤가 등이다. 1칼로리란 물 1g의 온도를 1℃, 정확하게 말하면 14.5℃에서 15.5℃까지 높이는 데 필요한 열량이다. 음식물도 인체 속에서 산화하여 열을 내는 것이므로 일종의 연료라 할 수 있고, 그것이 산소와 결합하여 연소할 때 발생하는 열량으로 연료의 가치를 비교하는 것이다. 높은 음식이 영양가가 높다는 말이다. 물건의 발열량은 1g이 타서 내는 칼로리 수지만, 음식물이나 연료의 경우 사실은 1000배의 킬로칼로리 단위이다.

2. 컴퓨터 바이러스

생물학적 바이러스가 자기 자신을 복제하는 유전인자를 가지고 있는 것처럼 컴퓨터 바이러스도 자기 자신을 복사하는 코드를 가지고 있어 감염된 프로그램이나 파일을 실행시키면 그때부터

알기 쉬운

자기 자신 또는 자기 자신의 변형을 복사하는 코드를 사용해서 다른 프로그램이나 실행 가능한 부분을 변형시킨다. 대부분의 컴퓨터 사용자가 이상 증상을 감지했을 때는 이미 바이러스가 활동하여 어느 정도 컴퓨터를 손상시킨 뒤일 경우가 많다. 컴퓨터 바이러스가 반드시 퇴치되어야 하는 이유는 바로 이러한 부작용으로 인한 피해가 엄청나기 때문이다.

유형으로는 부트 바이러스, 파일 바이러스, 부트/파일 바이러스가 있다. 세계 최초로 발견된 컴퓨터 바이러스는 브레인(Brain) 바이러스와 미켈란젤로(Michelangelo) 바이러스로 부트 바이러스다. 컴퓨터 바이러스의 90% 이상은 파일 바이러스이다.

3. 케페우스형 변광성

그리스인은 별을 여러 개 묶어 신화에 나오는 등장인물의 이름으로 별자리를 생각해냈는데 그 중에는 영웅 페레세우스의 도움을 얻어 바다의 괴물로부터 딸을 구한 이디오피아의 왕 케페우스의 이름을 붙인 것이 있다. 케페우스 자리에서 네 번째로 밝은 델타별은 그 밝기가 규칙적으로 변하는 특징이 있다. 이렇게 밝기가 변하는 별을 변광성이라고 한다. 케페우스의 델타별은 5. 37의 주기로 밝아졌다 어두워졌다 한다. 그 후 똑같은 방향에서 다른 변광성들이 발견되었는데 주기는 2~45일 까지었다. 이 후 이런 변광성은 모두 케페우스형 변광성으로 분류되었다.

1912년 미국의 리비트가 변광주기는 그 별에 의해 방출되는 빛의 양과 밀접한 관계가 있다는 것을 밝힘으로써 변광주기만 알면 케페우스형 변광성이 어느 정도의 밝기로 존재하는 지 알 수 있게 됐고, 이 밝기로 지구에서의 거리도 알 수 있다고 한다.

4. 코로나

개기일식이 일어나면 태양 주위에 진줏빛을 띤 둥근 바퀴를 볼 수 있다. 이 바퀴는 태양 원반을 둘러싸고 2~3배까지 뻗치고 있다. 로마의 문필가 플루타크가 기원 1세기, 달에 감춰진 태양 주위에 빛의 바퀴가 보인다는 것을 기술하고, 독일의 케플러는 1567년 일식이 일어났을 때 이런 바퀴를 발견하였다. 1715년 영국의 핼리도 이에 관한 기록을 발표했다. 1860년 사진기술이 일식 관찰에 사용되면서 이 빛은 태양의 바깥쪽을 둘러싸고 있는 얇은 대기의 광채라는 것이 확인되었다. 보통 때는 태양 중심에서 빛나는 광구의 빛이 너무 강하여 이 빛을 가리나 일식 때는 한꺼번에 이 외층 대기가 진줏빛을 발하며 나타나는데, 위에서 볼 때 왕관처럼 보여 코로나로 이름 붙였다. 1930년 프랑스의 천문학자 리오가 태양빛을 가리는 망원경을 고안, 보통 때도 코로나를 관측할 수 있다.

5. 코아세르베이트

생명을 연구하는 과학자들이 몇십억 년 전의 지구 상태를 상상하여 인공적으로 재현했다. 그 결과 원시 해양에 존재하던 매우 간단한 화합물에서 조금 복잡한 화합물이 만들어지는 것과, 오늘날의 생명을 구성하는 화합물과 비슷한 것을 만들 수 있었다. 그

알기 쉬운

리고 우연히 복잡한 분자의 용액은 늘 균일하게 혼합되어 있지 않다는 것을 밝혀냈다. 조건에 따라서 그와 같은 용액은 2개의 상으로 분리된다. 하나는 복잡한 분자로 가득 차 있고, 다른 하나는 복잡한 분자가 빠져 있다. 이와 같은 분리, 커다란 분자로 가득 찬 액상과 그것이 빠져 있는 액상으로 분리되는 현상을 코아세르베이션이라 하고, 커다란 분자로 가득 찬 상을 코아세르베이트라고 한다.

소련의 오파린은 1935년, 지구 최초의 세포는 코아세르베이트로 된 작은 액체방울에서 생겼다는 가설을 내놓았다.

6. 코 크 스

석탄이 사양길을 걷는다고 해서 코크스도 한물 간 연료라 생각하는 것은 곤란하다. 아무리 석유로 모든 것을 해결한다고 해도 코크스가 없으면 제철이 불가능하기 때문이다. 주물을 만들거나, 카바이드 또한 코크스나 무연탄이 없으면 곤란하다.

코크스는 석탄을 쪄서 만드는데 이것이 만들어진 것은 근세이다. 한 여행가의 기행문에 싸구려 여인숙에서 화로 대신 풍로에 코크스를 넣도록 되어 있어 냄새 때문에 혼났다는 이야기가 등장한다. 목탄보다 훨씬 싼 것이었음에 틀림없다. 산업혁명은 석탄으로 제철하는 방법을 발견하고부터 시작되었다고 한다. 석탄으로 만든 코크스와 철광석, 석회석을 함께 용광로에 넣어 광석을 환원하여 쇠로 만든다는 제철법이 생긴 것이다. 코크스에는 제철용과, 화학공업에서 사용하는 가스용이 있다.

7. 콜레라

독일의 세균학자들은 코흐가 최초로 콜레라균을 발견했을 때, 그에 반대하는 페팅코퍼는 콜레라가 병원체라는 것을 인정할 수 없다고 맞섰다. 그리고 그는 코흐의 주장에 동조하는 의사들 앞에서 콜레라균을 마셔버렸지만 병에 걸리지 않았다. 그러나 코흐가 발견한 것은 진짜 콜레라균이고, 페팅 코퍼가 콜레라에 걸리지 않았던 것은 건강 상태가 워낙 좋았거나, 무슨 원인에 의해 면역이 생겨 있었기 때문일 것이다.

콜레라는 인도 벵골지방의 풍토병으로 콜레라균은 지금까지 인도에서 사라진 적이 없다. 이것은 대표적 경구 전염병으로 전염병 중 페스트 다음으로 강한 전염력을 가지고 있다. 음식물이나 물과 함께 균이 몸 안에 들어가면 구토, 설사를 일으키고, 탈수로 사망한다. 콜레라균의 학명은 '바칠루스콜리' 막대기모양 또는 콤마(,)형을 한 전형적인 간상균이다.

8. 쾌감중추

뇌는 몸의 각 기관을 지배한다. 그래서 19세기 두개골을 연구하던 사람들은 뇌의 외형을 분류하여 인간의 중요한 성격상의 특징을 추론하려 했다. 그것보다 세밀한 연구는 1870년 독일의 프리치와 히치히가 개의 대뇌피질 중 한 부분을 자극하여 어떤 근육이 운동하는가를 조사한 것이다. 그 결과 뇌는 근육계통, 신경 말단에서의 감각과 연관이 있었다. 1861년 프랑스의 브로카는 뇌의 영역이 말하고 이해하는 능력을 지배하고 있음을 밝혀냈다.

1954년 미국의 올즈는 한층 놀랄 만한 것을 발견했는데 뇌의

알기 쉬운

특정한 영역을 자극하면 강한 쾌감이 생긴다는 것이다. 실험용 쥐의 쾌감중추에 전극을 꼽고 한 시간에 8천여 회씩 며칠간 자극했다. 그 사이 식사, 교미, 수면을 취하지 못하도록 했다. 그리고 직접적으로 쾌감중추를 자극하자 쥐는 먹거나 잠자지 않고도 만족감을 느꼈다.

9. 쿼크

1961년 미국의 겔만은 소립자를 분류하는 법을 고안했는데, 2차 대전 이후 물리학자들이 발견한 입자의 밀림세계를 새롭게 연 것이었다. 그러나 겔만은 그 이상으로 간단하게 하는 법을 찾으려 했다. 그리고 3개의 가능한 입자를 고안했다. 이것들은 매우 기묘했는데 온전한 전하를 가지지 않았기 때문이다. 이제까지 알려진 모든 전하는 전하(-1)이든가 양자의 전하(+1)이든가, 또는 이것들의 정배수였다. 이에 비해 겔만의 새로운 입자는 하나가 +2/3의 전하를, 다른 2개가 -1/3의 전하를 가졌다. 양성자는 2개의 +2/3 입자와 하나의 -1/3으로 이루어져 있다고 보면 전하는 합해서 1, 중성자는 1개의 +2/3입자와 2개의 -1/3입자로 되어 있어 그 전하는 0으로 할 수 있다. 잘 알려진 소립자들을 만들기 위해서는 3개의 겔만입자가 필요했으므로 제임스 조이스의 소설에서 따와 겔만은 이들을 '쿼크'라고 불렀다.

10. 크리스탈 위스커

'수염결정'이라고도 부르며, 재료혁명의 선두주자 중 하나이다. 가열된 금속 표면이나 용액에서 결정이 만들어질 때 지름 수

미크론의 가느다란 바늘모양의 수염이 발생하는 수가 있다. 이 수염 자체도 결정이지만 모체의 물질에 비해 매우 튼튼한 성질을 가지고 있어 이와 같은 위스커를 모아 초강력 재료로 개발하려는 것이다. 보통 사용하는 금속은 철이나 텅스텐이나 원자의 결합으로 계산하는 강도보다 훨씬 약한 강도를 나타낸다.

이는 결정 속에 '전위'라는 결함 부분이 있어 강한 힘을 받으면 어긋나버리기 때문이다. 그러나 수염결정인 위스커 속에는 전위부분이 존재하지 않아 재료 본래의 힘을 발휘한다. 전위가 없으면 얼마나 강해지는가는 탄소위스커의 인장강도가 강철의 수십 배나 되는 점만 보아도 알 수 있다. 그러나 위스커는 길게 할 수 없는 단점을 갖고 있다.

11. 클로렐라

어항의 물이 녹색으로 변하거나, 유리벽의 안쪽이 녹색으로 더러워지는 일이 있다. 이것은 금붕어의 똥을 비료로 하여 녹색의 하등말류 클로렐라가 번식한 탓이다. 연못의 표면이나 논의 물이 여름철에 녹색 분말이 떠있는 것처럼 되는 것도 클로렐라가 자라기 때문이다. 클로렐라가 번식하면 금붕어도 그것을 먹고 살찔 만큼 영양분이 매우 많다. 클로렐라에 질소분을 대주고 햇빛에 쬐면 체내에 클로로필(엽록소)이 있기 때문에 광합성이 일어나 탄수화물이 생기고, 지방, 단백질, 비타민도 만들어진다.

그래서 한때는 식용으로 배양할 것을 생각했으나 보통의 음식물에는 적합하지 않아 우주식으로 고려한 일도 있다. 우주선 속에서 승무원의 배설물을 비료로 하고, 이산화탄소와 물로 클

알기 쉬운

로렐라에 광합성을 시키는 방법이었다. 클로렐라의 맛은 김맛과 비슷하다.

12. 클로로필

엽록소라고 하는 식물의 녹색소는 치약에 넣어 구취제, 무취의 마늘 제재 등 다양하게 쓰이고 있다. 시금치의 녹색즙을 짜먹기도 하는 것은 모두 클로로필을 얻기 위한 것이다.

적외선 사진을 찍을 때 나뭇잎의 녹색이 적외선을 반사하기 때문에 초원이나 숲이 하얗게 찍히는 일도 있다. 이것으로 더운 여름철 나무 그늘 밑이 왜 시원해지는지 짐작할 수 있을 것이다.

클로로필은 식물의 잎 속에 있는 엽록소에 포함되어 태양광선 속에서 눈에 보이는 가시광선을 잡아 이산화탄소와 물로써 당분을 합성하는 일을 도와준다. 그리고 적외선은 반사해버린다. 우리 몸으로 비교하면 적혈구의 헤모글로빈과 같은 것으로 일종의 효소인 것이다. 클로로필은 주로 누에똥에서 분리하고 있었으나 최근에는 클로렐라에서 쉽게 얻을 수 있게 되었다.

13. 클 론

어떤 의미에서 식물이 동물보다 훨씬 재주가 많다. 종류에 따라서 작은 가지를 그것과 전혀 다른 나무에 접목하면 작은 가지는 무럭무럭 자라 곧 번창한다. '작은 가지'를 클론이라 하며, 하나의 체세포에서 자라난 세포의 집단 또는 일부분에서 발달해온 온전한 생물을 뜻한다. 각각 다른 형태의 세포에서 다른 조합의 유전자는 차단되어 작동하지 않는다. 남아 있는 유전자의 형태에 따라

세포의 특수화가 일어나는 것이다. 그럼 차단된 유전자의 차단을 풀면 어떻게 될까? 그렇게 하기 위한 방법으로 세포의 핵을 수정란의 세포질에 주입하는 수가 있다. 1960년대 말, 개구리 수정란의 핵을 개구리 체세포의 핵과 바꾸는 실험을 하였다. 새롭게 교환된 핵의 세포는 정상적으로 발달, 원래의 체세포의 개구리와 유전적으로 똑같이 되었는데 이것이 동물 클론(clone)이다.

1. 타코미터

자동차의 과속운전 단속으로 유명해진 이름이다. 이 장치를 설치해두면 그 차가 언제 어느 정도의 속력을 냈는지, 언제 급정차를 했는가, 어디에서 몇 분간 멈추어 있었는지 등을 한눈에 알 수 있다. 속도위반을 하고 뺑소니를 쳐도 모두 기록해주는 것이다. 그러나 타코미터란 단순한 속도계로 자동차나 축의 회전속도를 계측하는 기계일 뿐이다. 가장 간단한 것은 공장에서 모터의 회전수를 재는 데 사용하는 회전계로서 차의 회전축 끝에 붙어 있으며 1분 동안에 몇 회 정도 회전했는지를 눈금으로 읽는 도구이다.

그러나 이것만으로는 자동화 시대에 매우 불편하여 여러 가지 회전속도계가 나왔다. 회전속도의 변화로 원심력에 의해 공이 닫히기도 하고 열리기도 하는 것을 이용한 타코미터, 전기적·전자공학적으로 회전속도를 재는 방식 등 다양하다.

2. 탄산가스

인류는 1년에 30억 톤의 석탄과 40억 톤의 석유, 그리고 상당량의 신탄을 연료로 사용한다. 또 산소를 들이마시고 탄산가스를 토해낸다. 때문에 대기 중에는 탄산가스의 양이 점점 증가하는데 지나치게 양이 많아지면 '온실효과'라 하여 태양으로부터 보내온 열이 축적되어 대기온도가 올라간다. 그리고 만일 평균 기온이 5℃ 높아지면 남극이나 북극의 얼음이 모두 녹아 해수면이 수미터나 높아져 해안지대가 바닷물에 휩싸인다고 주장하는 학자도 있다. 하지만 탄산가스는 문명사회에 있어 불필요한 존재만은 아니다. 탄산가스를 물에 녹인 탄산수는 청량음료로 이것이 고체로 된 드라이아이스는 여러 가지 냉동제로 우리와 친숙하다. 탄산가스와 암모니아를 작용시키면 요소가 만들어져 비료, 플라스틱 원료로 사용된다. 요즘 학교에서는 탄산가스를 이산화탄소라고 부른다.

3. 탄소질 콘드라이트

1969년 암스트롱이 월석을 가지고 돌아올 때까지 사람들은 운석을 지구 밖에서 온 유일한 물질로 알고 있었다. 운석은 화학조성에 따라 분류된다. 또 다른 분류 방법으로 석질운석의 90% 이상은 미세한 공 모양으로 입자를 포함하고 있다. 이 공모양의 입자를 콘드룰이라 하는데 콘드룰을 포함한 운석은 콘드라이트(구상운석), 포함하지 않은 운석은 아콘드라이트(무구상운석)라 한다.

콘드라이트는 석질로 지구 암석의 물질과 흡사하며 극히 일부는 검은색을 하고 있고, 여기에 포함된 콘드룰에는 탄소가 꽤 큰 비율로 함유되어 있다. 이것을 탄소질 콘드라이트라 한다. 탄소는 생명의 기본 원소이기 때문에 이 운석은 매혹적이다. 1961년 미국의 과학자들은 콘드라이트 가운데 형태가 있는 것을 발견했는데, 형태가 있기 전에는 생물의 일부였을지 모른다고 추측했다.

알기 쉬운

4. 탈출속도

물체를 상공으로 던지면 중력의 작용으로 속도가 떨어져 순간적으로 정지했다가 다시 지구를 향해 떨어지기 시작한다. 그런데 중력의 크기는 물체가 지구 중심으로부터 멀리 떨어지면 떨어질수록 약해진다. 수킬로미터 높이로 올릴 수 있는 힘에 의해 위로 던져진 물체는 중력의 영향을 약하게 받으므로 위로 올라간 물체는 지구로 돌아오지 않고 영원히 우주 공간 속으로 날아가 버릴 것이다.

이것을 가능하게 하는 최고 속도가 탈출속도이다. 지구의 탈출속도는 매초 11㎞의 속도이다. 질량이 지구보다 큰 목성과 같은 행성의 탈출속도는 한층 커지며 수성과 같이 질량이 작은 행성에서는 작아진다. 1680년 뉴턴 때부터 알려져 있고, 이 탈출속도의 개념은 소련이 탈출속도보다 큰 속도로 우주선을 최초로 쏘아 올린 1959년 이후 현실적으로 중요한 것이 되었다.

5. 태 양

태양의 나이는 현재 50억 살, 주소는 은하계의 중심으로부터 약 3만 광년 떨어진 곳, 키는 공 모양으로 지름으로 치면 140만㎞, 체중은 2,000,000,000,000,000×천억 톤이다. 태양계의 우두머리로 지구를 비롯한 9개의 혹성과 1560개 이상의 소혹성을 거느리고 있다. 태양과 지구의 거리는 약 1억 5천만㎞로, 빛이 8분 20초 걸려 닿을 만큼 먼데도 지구를 따뜻하게 할 만큼의 열과 빛을 보내준다. 그 에너지의 양은 인류가 전 세계에서 1년 동안 사용하는 총량의 1만 배가 된다. 인간은 여러모로 태양의 신세를 지고 있다.

태양의 수명은 장구하여 앞으로 1천억 년 정도는 계속해서 빛날 수 있는 연료원을 가지고 있다. 더구나 온도는 이제부터 겨우 상승하는 것으로 80억 년이 지나면 이 지구상의 온도가 100도까지 올라갈 것이라고 한다.

6. 태 양 열

반지름이 70만km나 되는 둥근 공 모양의 덩어리가 섭씨 2천만 도란 초고온으로 타고 있고, 그 표면은 6000℃라는 것을 들으면 이 열이 어떻게 만들어질까 궁금해질 것이다. 만약 태양이 석탄 덩어리고 그것이 타면서 열이 나오는 것이라면 불과 5500년 정도 타고 나면 탄산가스가 되어버릴 것이다. 그러나 태양은 탄생 이래 약 50억 년 동안이나 계속 열을 내고 있다. 뉴턴은 운석이 태양 속으로 떨어지면서 그 충돌열로 고온이 되는 것이라고 했지만 그런 충돌열로는 그만한 에너지가 될 수 없다. 이 문제는 분광분석법의 진보로 풀 수 있게 되었다. 그것에 의하면 태양은 지구와 비슷한 성분은 별로 없고, 전체의 약 절반이 수소, 절반 가까이가 헬륨, 나머지 원소는 1%도 되지 않는다. 그 성분과 온도를 기초로 베테가 내린 결론은 수소원자 4개가 화합하여 헬륨 1원자로 바뀔 때 석탄이 탈 때 내는 열량의 30억 배 열을 낸다는 것이다.

7. 태양전지

일본 야마구치현에는 태양전지에 의해서 점등되는 무인등대가 있다고 한다. 낮에 태양광선을 받아 발전하고, 그것을 축전지에 저축해놓고, 밤에 그 전기를 이용하여 불을 켜는 장치이다. 노출계의 광전지와 비슷한 원리로서 사진의 광전지가 가시광선에만

알기 쉬운

잘 느껴지는 것에 비하여 태양전지는 적외선, 가시광선, 자외선 등 광범위의 방사선에도 효율이 좋은 전기를 발생시킨다. 구조도 광전지와 똑같으나 사용되고 있는 재료가 다르다.

얇은 철판에 99.999999999%의 고순도 규소를 얇게 발라놓은 것이다. 이것들을 병렬과 직렬로 늘어놓아 직사일광을 받게 하여 발전시키는 것이다. 인공위성이나 달 로켓, 금성 로켓 등에는 대개 이 태양전지를 이용하고 있다.

큰 전력을 얻는 데는 아직 적용되지 않고, 태양전지 자동차는 여러 나라에서 시험 제작하고 있다.

8. 태 양 풍

1959년 태양 흑점을 연구하던 영국의 천문학자 캐링톤은 태양 표면이 돌연히 밝아지는 현상을 발견했다. 그리고 그 관측 뒤 상당 기간 지자기의 혼란이 일어나고 북극광이 유달리 밝게 빛난다는 사실도 알게 되었다. 그 뒤에 태양 표면상에서 뜨거워진 물질이 주기적으로 격렬한 폭발을 일으키는 현상을 관측하게 되었다. 이 폭발은 태양 표면보다 훨씬 고온이다. 이들 중 태양 흑점 가까이에서 일어나는 현상을 태양 플레어라 한다. 이 플레어에 의해서 태양은 외부의 모든 방향으로 매시간 당 200~300㎞ 속도로 유출되는 물질에 둘러싸인다. 이렇게 약 100만 톤의 물질이 매초 태양 표면으로부터 나간다. 이같이 밖으로 향하는 물질의 흐름을 태양풍이라고 한다. 플레어가 지구 방향으로 발사되면 밝게 빛나는 북극광을 출현시키고 자기를 혼란에 빠뜨려 라디오와 TV 수신을 어지럽게 한다.

9. 태키온

　상대성이론에 따르면 광속도보다 빠르게 운동하는 입자는 모두 허의 질량을 가져야 한다. 1962년 미국 빌라니우크와 슈다르산은 허의 질량을 가진 입자는 상대성이론을 깨지 않고서 존재할 수도 있다는 것을 지적했다. 그것은 다만 '항상' 광속도보다도 빠르게 운동하는 것을 요구할 뿐이다. 그 같은 입자는 에너지를 얻음에 따라 속도가 떨어지지만 그것이 어떻게 해서 큰 에너지를 얻었다 하더라도 광속으로 속도가 떨어질 수 없다. 광속은 이들 입자에 대해서도 보통의 입자와 마찬가지로 하나의 한계다.

　1967년 미국의 파인버그는 이 개념에 친숙하기 쉽도록 광속보다 빠른 입자에 그리스어로 '빠르다'라는 의미의 태키온이란 이름을 붙였다. 태키온은 진공을 통과할 때 빛의 흔적을 남기기 때문에 검출할 가능성이 있다. 그러나 그것은 너무 빨라 아직까지 검출되지는 않았다.

10. 태풍

　태풍은 태평양의 폭풍우를 가리키는 이름으로, 대서양에서는 허리케인, 인도양에서는 사이클론이라고 부른다. 태풍은 초여름에는 북서로 나아가 중국 대륙으로 진입해 버리지만 가을로 다가감에 따라 북동쪽으로 굽어진다.

　우리 나라에서는 태풍이 매우 귀찮은 존재임과 동시에 또 요긴하다. 여름과 가을에 걸쳐 남쪽 바다로부터 비바람을 몰고 오지만 파괴를 일으키는 동시에 가뭄을 덜어주기 때문이다. 태풍의 피해를 막기 위해 모두가 각별하게 힘을 기울이지만 아직은 역부족이다.

알기 쉬운

남쪽 해상에서 강한 햇빛 때문에 기류가 상승하고 지구의 지진이 작용하여 저기압이 발생한다. 그리고 비를 내리면서 차차 발달하여 북상하는 것이다. 소용돌이의 회전 방향은 북반구에서는 시계바늘과 반대의 움직임을 한다. 처음에는 열대성 저기압, 우리 나라에 가까워질 때는 태풍으로 발달하게 된다.

11. 텍타이트

18세기 체코에서는 녹색의 작고 둥근 유리입자가 다량으로 발견되었다. 19세기에는 그와 같은 파편이 그 밖의 다른 지방(필리핀, 오스트레일리아, 텍사스 등)에서도 발견되었으며 인근 해저에서도 발견되었다. 1900년경 오스트레일리아의 지질학자 세스는 그것이 운석일지도 모른다고 했는데 그 입자의 화학조성이 운석의 그것과 비슷한 점이 있었기 때문이다. 이 입자는 운석이 대기 중을 통과할 때 녹았다가 다시 유리모양의 입자로 굳어져서 만들어진 것으로 생각되었는데 실제로 이들 입자에는 공기 속을 고속으로 통과하면서 공기의 저항을 받은 흔적이 나타나 보인다. 이런 종류의 운석은 지구로 도입되는 과정에서 부분적으로 녹아서 만들어진 운석이라 하여 텍타이트라고 부른다. 그리스어로 '녹는다'는 의미의 낱말에서 유래된 것이다.

12. 토 웅 파

지진으로 바닷물이 움직여 일어나는 해일이나, 보통의 바다 물결은 바람에 밀려서 생기는 물결이다. 바다 수면에 바람이 불면 파도가 일어나고, 산과 골짜기의 모양을 내면서 연속하여 바람 부는 방향으로 진행되어 나간다. 물결의 산이 바람에 의해 밀려 올라가면 다음에는 중력에 의해 아래쪽으로 밀려 내려간다. 그것은 탄성에 의해 앞의 수면 이하로 밀려 내려가고 대신 다른 부분이 밀려 올라간다. 물결의 높이는 풍속과 진동의 감쇠작용과의 밸런스로 결정된다고 한다.

겨울 계절풍이 세게 불면 동해안에서는 높이 20m 정도의 파도가 생기는데 그것은 세계의 다른 바다에서도 태풍이 일 때는 그 이상의 파도가 일어난다. 그래서 매년 8월이 되면 다른 센바람이 없는데도 큰 물결이 밀려들어오는 것이다. 이런 일은 토용(달력의 용어)경부터 시작하므로 토용파라 일컫는다.

13. 토플로지

제아무리 복잡한 지도라도 4가지 색상을 이용하면 같은 색이 접하지 않도록 나누어 칠할 수 있다고 한다. 그런데 실제로 매우 복잡한 지도를 만들어와서 4가지 색상으로 칠하려는 사람이 있었다. 그러나 아무리 시도해도 잘 되지 않아 수학선생님께 물어보았지만 역시 알 수 없었다. 그런데 수학 실력은 뛰어나지 않으나 바둑을 잘 두는 학생이 이것을 시원하게 해결했다. '4색의 정리'가 입증된 셈이다.

토플로지는 '위상(位相)기하학'이라 하여 길이나 각을 필요로 하지 않는 공간의 성질을 연구하는 학문이다. 결정에는 정다면체가 몇 개 있다. 다이아몬드의 정팔면체, 주사위의 정육면체……. 그렇다면 정다면체는 몇 개나 가능할까? 해답은 5개밖에 없다는 것이다.

토플로지적으로 인간을 정의하면 한가운데에 구멍을 낸 도넛과 같다. 즉 이것은 '뫼비우스의 띠'라는 문제이다.

알기 쉬운

14. 트리할로메탄

인간은 매일 물을 먹지 않고는 살 수 없다. 물은 혈액순환은 물론 배설물 처리 등 신체 내에서 다양한 역할을 한다. 그런데 인간이 도시를 이루게 되자 수도를 만들게 되었다. 수돗물은 강이나 호수의 물을 정수하여 사용하는데 정수과정에서 세균을 비롯한 암모니아, 철, 망간 등을 없애기 위해 염소를 넣는다. 이 과정에서 트리할로메탄이 생긴다. 이 트리할로메탄은 염소와 토양에 함유된 부식물 중 용제를 써도 빠져나오지 않고 잔류하는 화합물인 후민질이 반응해 생긴 발암성 물질이다

트리할로메탄이 관심의 초점이 되는 것은 많은 국민이 이를 포함한 수돗물을 먹고 있어 국민 건강과 밀접한 관련을 맺고 있다는 데 있다. 그래서 트리할로메탄이 발생하지 않는 정수방법으로 1944년 미국 뉴욕주에서 처음으로 이산화염소를 사용하는 소독방법을 사용한 이래 유럽, 캐나다 등에서 널리 쓰인다.

15. 티타늄

티타늄은 가볍고 강도가 크며, 부식에도 강하여 금속계의 스타가 되었다. 그러나 티타늄은 일반화되지 못하고 군용제트기의 콤프레서나 기체의 재료, 혹은 인공위성의 몸체에 사용되고 있을 뿐이다. 그보다 티타늄의 화합물이 우리와 인연이 깊을 것이다. 그것은 티타늄의 산화물이 여성의 화장분으로 오래 전부터 사용되고 있기 때문이다.

옛날의 분가루는 염기성 탄산납이었다. 그것은 납중독을 일으킨다 하여 사용이 금지되고 대신 아연화가 사용되었는데 하얗고 피

부에도 좋다 하여 산화티타늄이 지금은 화장분의 주체가 되어 있다.

　　그러나 양적으로는 화장분보다 백색도료인 안료로 사용되는 것이 많다. 냉장고용 도료도 이에 속한다. 티타늄의 원료이기도 한 산화티타늄의 루틸결정은 굴절률이 높아 반지의 보석으로 사용되기도 하는데 요즘에는 합성으로 많이 만들어지고 있다.

알기 쉬운

1. 파 이

기하학에서 가장 간단하게 그릴 수 있는 도형 중 하나가 원이다. 그리스 사람들은 원주가 원의 지름의 3배보다 조금 길다는 사실을 발견했다. 그 결과 아르키메데스는 3.142라는 정확한 값을 찾아냈다. 만일 지름을 1로 잡으면 그 원주는 비율 값인 3.142가 된다. 1600년경 영국의 수학자 오트레드는 이 비율을 나타내기 위해 π 라는 기호를 사용했다.

파이 값은 기하학의 공식뿐만 아니라 모든 종류의 수학 방정식에도 나온다. 그 이후에도 파이의 정확한 값을 구하려는 많은 시도가 있었다. 1717년 영국의 샤프는 소수점 이하 72자리까지의 값을 구했다. 그러나 정확한 수치를 구해내는 것은 불가능하다. 그런데 1955년 컴퓨터는 33시간 동안 계산하여 파이 값을 소수점 이하 1만 17자리까지 구해냈다. 수학이론에서는 흥미 있는 것이다.

2. 패 러 티

유리는 각각의 소립자에 A 또는 B 라벨을 붙일 수 있다. 홀수는 합하면 언제가 짝수가 되고 (A+A=B), 두 개의 짝수도 더하면 언제나 짝수가 된다. (B=B+B) 그리고 홀수와 짝수를 더하면 반드시 홀수가 된다. (A+B=A)

패러티는 '같다'는 뜻의 라틴어에서 온 말이다. 나중에 패러티는 짝수와 홀수 모두에 쓰이게 되었다. 소립자는 이 짝수와 홀수를 지배하고 있는 규칙에 따라 행동하는 듯하다. 그래서 이것도 패러티를 갖는다고 할 수 있다. 소립자는 상호작용의 과정에서 패러티를 변화시키지 않는다. 만일 상호작용을 일으키기 전에 짝수(혹은 홀수)였던 두 개 혹은 그 이상의 입자에 패러티를 더하면 상호작용 후에도 그것은 짝수(혹은 홀수)가 된다. 이것을 패러티 보존법칙이라고 부른다.

3. 펄 사

1960년에 천문학자들은 특별한 전파원으로부터 나오는 어떤 전파를 발견했는데 이 전파의 강도가 주기적으로 변하는 것으로 관측되었다. 그러한 전파의 점멸을 관측하기 위해 특별히 고안된 전파망원경이 설계되었다. 1964년 영국의 천문학자 휴이시가 이 전파망원경을 이용해 관측하던 중 믿기지 않는 일이 벌어졌다. 우주의 한 점으로부터 나오는 매우 짧으면서도 규칙적인 전파를 발견한 것이다. 휴이시는 곧 그 전파원을 찾기 위해 연구를 계속했고, 1968년 2월 전파원 4개의 위치를 밝혀냈다. 그 뒤에 다른 학자들도 그 전파원을 열심히 찾아 나서 2년 동안 40개나 발견했다. 처음에는 무엇 때문에 전파가 깜빡거리면서 발사되는지 알 수 없는 상태에서 단지 '펄사'라고 부르게 되었다.

4. 페 르 몬

우리가 하등동물로 여기는 곤충류도 잘 살펴보면 묘한 능력

알기 쉬운

을 가지고 있다. 꿀벌은 태양의 위치로 판단하여 자기 집을 찾아오고, 곤충들은 수컷이 암컷을 찾아내거나, 또는 일종의 통신도구로서 몸에서 분비하는 화학물질의 냄새를 이용하는 것이다. 나방의 암컷을 놓아두면 분비하는 냄새에 이끌려 수컷이 수백 미터나 떨어진 곳에서 날아온다. 이 성적 유인물이 되는 냄새의 성분을 '페르몬'이라고 부른다. 페르몬에는 이성을 유인하는 목적 이외의 것도 있으므로 이 경우는 성(性) 페르몬이라 한다.

성 페르몬 외에 경보 페르몬, 길잡이 페르몬 등이 있다. 개미떼를 자극할 때 모든 무리가 일시에 도피행동을 하는 것은 그 중 한 마리가 경보 페르몬을 발사하기 때문이다. 페르몬은 여러 가지 알코올의 초산 화합물인데 벌레의 종류와 목적에 따라 제각기 성분이 다르다.

5. 페르미

원자는 지름이 약 10^{-10}m이다. 이 말은 10^{10}개 (즉 100억 개)의 원자를 일렬로 늘어 좋으면 1m가 된다는 뜻이다. 원자 속에는 원자핵이 있는데 이 원자핵은 원자 질량의 거의 대부분을 차지하지만 크기는 아주 작다. 약 10만 개의 원자핵을 늘어놓으면 원자 1개의 크기가 된다.

이탈리아의 페르미는 '중성자'를 충돌시킬 때의 우라늄의 운동에 대한 연구를 했다. 그 결과 그는 핵분열을 발견했다. 그를 기념하여 길이 단위 10^{-15}m는 '페르미'라고 이름 붙였다. 이 단위를 사용함으로써 '소립자의 크기는 몇 페르미', '대단히 불안정한 입자가 붕괴되기까지 이동하는 거리는 몇 페르미' 등으로 간편하

게 쓰이게 되었다. 그리고 1962년부터는 길이 단위 10^{-15}m가 정식
으로 펨토미터(famtometer)로 쓰이게 되었다.

6. 페이스 메이커

사람의 심장박동은 정확한 리듬을 가지고 있다. 심장박동은
심장을 이루고 있는 근육의 성질과 밀접한 관계가 있다. 따라서
심장을 몸에서 떼어내 신경의 자극을 제해도 몇 가지 이온이 적당
한 농도로 녹아 있는 용액 속에 담가두면 박동을 계속한다. 온전
한 심장이 아니라 일부를 떼어내 같은 실험을 하더라고 같은 현상
이 일어난다. 심장의 여러 부분을 따로따로 연구해 본 결과, 심장
의 각 부분은 제각기 다른 속도로 박동하는 것이 밝혀졌다. 심장
의 여러 부분 가운데 가장 빠른 속도로 박동하는 부분을 페이스메
이커(pacemaker)라 부른다. 사람 심장의 페이스메이커는 우심방
에 위치한 특수 세포 부위인 것으로 알려졌다. 제2차 세계대전 이
후 인공 페이스메이커가 만들어지게 되었는데 1960년대 말, 이후
수천 명의 심장병 환자들이 그 덕에 정상적인 생활을 할 수 있게
되었다.

7. 편 광

하나의 광선이 결정 속을 통과하게 되면 굴절이 일어나 두 개
의 광선이 되어 나온다. 이것을 이중굴절이라 한다. 영국의 뉴턴
은 1700년경 이중굴절 현상에 대해 연구하게 되었다. 1808년 프랑
스의 마르스는 뉴턴의 이론을 전제로 이중굴절을 연구하면서, 이
들 각각의 광선이 단극광(單極光)으로 이루어져 있을 것으로 생

알기 쉬운

각하고, 그것을 '편광'이라고 불렀다. 그러나 그것은 잘못된 이름이었다. 그런데도 그 말은 아직도 그대로 쓰이고 있다. 때에 따라서 빛이 편광되는 경우도 있다. 유기결정 가운데 그런 물질이 있지만, 잘 깨지기 때문에 크게 실용성이 없는 것으로 알려졌다.

그런데 1930년대 하버드대학교 대학생 랜드는 플라스틱을 이용하여 유기결정의 강도를 높임으로써 앞서 말한 편광물질을 실용화시켰다. 이것이 오늘날의 폴라로이드이다.

8. 편 광 판

빛이란 음파와 같은 소밀파(疏密波)가 아니라 실의 진동과 같은 횡파(橫波)이다. 횡파에도 모든 방향의 진동이 섞여 있다. 이것은 편광판을 사용하면 알 수 있다. 편광판은 복굴절이라 하여 빛을 이중으로 굴절시키는 결정으로 만들어도 좋지만, 셀로판 같은 필름에 장력을 주어도 좋고, 요드의 결정을 PVA 필름에 붙여 유리판에 끼워 넣어도 된다.

편광판은 어느 한 방향으로 진동하는 횡파만 통과시킨다. 따라서 편광판을 통해온 빛은 일정한 방향으로만 진동하는 파이고, 이러한 빛을 '편광'이라고 부른다. 한 장의 편광판에 또 한 장의 같은 편광판을 겹쳐본다. 어떤 때는 빛이 그대로 통과될 것이다. 편광판 1장을 회전시키면 통과하는 빛은 점점 어두워지다가 직각이 될 때는 검정거울처럼 빛이 통과하지 못한다. 이렇게 해서 빛이 횡파라는 것을 알 수 있다.

9. 편 두 통

일본의 아쿠다가와(介川)의 「톱니바퀴」라는 소설에 다음과 같은 대목이 나온다. "시야 속에 딸깍딸깍 작은 톱니바퀴가 돌고 있다. 처음에는 조그맣다가 점점 커져 이윽고 시야 가득 퍼진다. 조금 후에 사라져 버리지만 그것은 심한 두통을 남기고 톱니바퀴가 있는 부분은 숫제 보이지가 않는 것이다."

만일 그가 왜 이런 증상이 나타나는지 원인을 알았더라면 자살까지는 하지 않았을는지도 모를 일이다. 편두통은 일종의 뇌빈혈이다. 다만 뇌의 특정 부분에 빈혈이 생기기 때문에 그 부분에만 두통을 느낀다. 뇌빈혈이 만일 뇌의 시각을 관장하는 부분에 일어나면 시각 이상을 일으키는 것이다. 따라서 그것은 일시적인 것에 지나지 않는다.

편두통에는 아스피린, 아미노피린 등이 잘 듣기 때문에 걱정할 일은 아니며, 신체 자체가 건강하다면 이런 증상은 별로 일어나지 않는다.

10. 폴 리 오

연령에 관계없이 걸리는 병이지만 대부분 어린이에게서 발병하여 소아마비라 한다. 어린이도 4세 이상은 자연적으로 면역이 생겨나기 때문에 병에 걸리는 확률이 적어지며, 어른은 더욱 적어지고 있다. 폴리오는 바이러스에 의한 병으로서 바이러스 발견 이전에는 전염병이라고 생각되지 않았으나 전염성이 인정되고부터 모기가 매개체라고 생각하고 있다. 여름에서 가을 사이에 유행하기 때문이다. 폴리오 바이러스는 척수의 운동신경을 침범하기 때문에

알기 쉬운

손발의 마비를 일으킨다. 그리고 호흡운동의 신경이 침해되면 숨을 쉴 수 없어 철의 허파를 넣어 기계의 힘으로 호흡을 시킨다.

폴리오의 백신은 미국의 소크 박사에 의해 발견되었는데, 그것은 원숭이의 신장에서 배양한 바이러스를 죽여서 주사용으로 한 것이다. 최근에는 병원체를 약하게 한 생왁친을 어린이에게 먹인다.

11. 푄 현 상

따뜻한 봄이 되면 내륙지방에 있는 도시와 농촌에 큰 화재가 발생하곤 한다. 이것은 강풍이 동반되어 일어나는 화재지만 '푄현상에 의해 발생된 이상 건조와 강풍이 원인'이라고 보도된다. 푄은 산맥을 넘어 경사면을 따라 하강하는 돌풍적인 바람이다. 기류가 내려옴에 따라서 기압이 올라가기 때문에 공기의 압축으로 온도가 상승하여 열풍이 되는 것을 말한다. 산악등반 중에 눈이 녹아 산사태가 일어나는 것도 바로 이 때문이다.

내륙지방의 푄현상은 강한 남동풍이 산맥을 넘어 내려오면서 시작된다. 경사면을 따라 상승할 때 차가워지면서 비를 뿌리고, 건조된 공기가 경사면을 따라 내려간다. 그러면 그 압축열에 의해 기온이 상승하기 때문에 건조한 공기의 습도는 더욱 낮아지고, 이것이 화재를 불러오게 된다. 여름철 이상 고온 현상도 마찬가지이다.

12. 프로티노이드

1936년 소련의 오파린은 「생명의 기원」이라는 책을 출간했다. 책에서 그는 최초의 생명체가 만들어지기까지의 화학적 한계를 추적해 갔다. 이후 생화학자들은 직접 실험을 시작했다. 1953

년 밀러는 간단한 화합물의 혼합물질에다 불꽃 방전을 가하면 유기산과 소량의 아미노산이 생긴다는 사실을 발견했다.

1958년 미국의 폭스는 뜨거운 화산과 같은 조건하에서 아미노산이 열을 받을 경우 단백질과 비슷한 사슬의 긴 분자가 만들어진다는 사실을 발견했다. 그는 이것을 프로티노이드(단백질과 유사한 물질)라고 이름 붙였다. 폭스는 프로티노이드를 열탕으로 녹인 다음 그 용액을 다시 냉각시켜 보았다. 그러자 프로티노이드는 모여서 작은 구슬이 되었다. 그 크기는 조그만 세균만했다. 폭스는 그것을 소구체(小球體)라고 불렀다.

13. 플라즈마 물리학

보통 물질의 상태는 고체, 액체, 기체로 나뉜다. 이들 세 가지 중 어떤 상태이건 원자는 완전한 상태에 있는 것처럼 보이지만 온도를 높이면 원자 자체가 부서지기 시작해 하전입자로 이루어진 기체는 보통 기체와 다른 성질을 나타낸다. 예를 들어 하전입자로 이루어진 기체는 자장에 의해 통제될 수 있다. 이와 같은 상태를 물질의 제4상태라 한다. 이 제4상태를 1930년대 초 미국의 랭뮈어가 플라즈마라고 이름을 붙였다. 19세기 독일의 해부학자 슐츠는 이 낱말을 혈액의 액체 부분을 뜻하는 말로 사용했다.

근래에 물리학자들은 수소의 핵융합을 제어하기 위해 1억 ℃가 넘는 상태의 기체를 다루게 되었다. 그 결과 만들어지는 플라즈마를 자장을 이용, 밀폐된 공간에 가두는 방법을 이용하게 된 것이다. 이렇게 플라즈마 물리학은 과학에서 대단히 중요한 분야가 되었다

알기 쉬운

14. 플루토늄

원자 폭탄에는 우라늄 폭탄과 플루토늄 폭탄이 있다. 1945년 일본 나가사키에 투하된 것은 플루토늄 폭탄이다. 이것은 헐값으로 만들 수 있어 그 후의 원자폭탄은 대개 이것으로 만들어지고 있다. 플루토늄은 우라늄 235와 같이 중성자로 핵분열을 일으키는 것이지만 이것으로는 아직 평화적 용도의 개발에는 성공하지 못했다. 그러나 플루토늄의 동력로가 건설되고 있다. 플루토늄은 원자로 속에서 우라늄 238의 원자에 중성자가 뛰어 들어가면 우라늄 239, 넵투늄을 지나 생성되는 초우라늄 원소로서 원자번호는 94이다.

원자원료로 사용 가능하나 이 결정을 데우면 어느 방향으로는 팽창하지만 어떤 방향으로는 수축하는 기묘한 성질을 지니고 있다. 그래서 정확한 모양은 만들었다 해도 온도가 높아지면 파괴되어 버린다.

15. 피드백

우리는 복잡하게 만들어져 있는 몸의 기능을 당연한 것으로 여기고 무심히 넘어간다. 예를 들면 손을 펴서 책상 위의 연필을 잡으려고 할 때, 손은 정확하게 연필에 닿아 그것을 가져온다. 그러나 이것은 매우 복잡한 동작이다. 이 동작을 하기 위해 손과 연필을 보고 끊임없이 동작 수정을 해야 한다. 손의 움직임이 너무 느릴 때는 서둘러야 하고, 빠를 때는 동작을 늦추어야 한다. 그리고 방향이 잘못되었을 때는 바로 잡아 주어야 할 필요가 있다. 이 모든 것이 자동적으로 교묘하게, 빠른 속도로 이루어지며 의식적으로 조절하듯 행해진다. 그런데 만일 신체나 뇌에 장애가 있는 사람이라면 필요한 동작 수정을 제대로 못해 연필을 잡으려다 지나치거나 가까이 다가가지 못할 경우도 있다. 정상적인 상태에서 움직이는 손과 연필의 위치는 눈을 통해 뇌의 중추로 전달되는 피드백 메커니즘에 의해 원활하게 이루어진다.

16. 필라리아

모기는 말라리아나 뎅그열 등 여러 가지 병을 매개하는데, 필라리아도 모기에 의해 전염되는 병의 하나로 대부분 열대지방에서 볼 수 있는 풍토병이다.

필라리아의 병원체는 혈액과 임파선에 기생하는 하등동물이고, 이것에 걸리면 상피병(다리가 매우 심하게 붓고, 피부가 각질화하고, 주름이 생겨 마치 코끼리 다리처럼 됨) 등의 증상이 일어난다. 필라리아 병원충은 낮에는 임파선 속에 숨어 있다가 밤이 되면 혈액 속에 나타나는 이상한 습성이 있다. 왜 이런 습성이 있는지는 불확실하나 야간에 환자의 혈액을 채취해보면 필라리아가 검출된다. 사람의 경우에는 주로 열대지방에서 생기나 다른 동물은 추운 지방에서도 생긴다. 특히 개의 필라리라 때문에 애견가들이 곤욕을 치른다. 개가 4~5살이 되면 이상한 기침을 하는 경우가 있는데 대개 필라리아에 걸린 결과라고 한다.

1. 하드웨어

산업사회에서 하드웨어(Hardware)라는 용어를 정확하게 언제부터 사용한 것인지는 알 수 없다. 하지만 컴퓨터의 발명과 그 응용이 시작되면서 컴퓨터를 운용하는 데 필요한 Operating System, Program 등을 소프트웨어(Software), 즉 부드러운 수단, 용기라는 의미로서 어떤 작업의 순서 및 지식들을 내포하고 있는 그릇이라는 의미로 사용되면서 그 반대되는 의미, 즉 고형화된 실체가 있는 그릇이라는 의미로 사용된다. 한 시스템의 전기적, 전자회로적 특성에 관한 총칭이다.

컴퓨터공학 또는 전산학에서 특정한 작업을 수행하기 위한 시스템을 구분할 때 하드웨어와 소프트웨어로 구분한다. 하드웨어는 3대 구성요소로 이루어지는데 연산장치를 담당하는 DPU 소프트웨어 및 자료를 저장하는 기억장치, 메모리 프린터 등을 포함하는 입출력 장치로 이루어진다.

2. 합성화학

합성이란 어떤 것일까. 합성섬유, 고무, 석유, 그런가 하면 합성루비, 다이아몬드도 있다. 원래 의미는 간단한 것을 결합하여 복잡한 것을 만든다는 것이다. 그러나 화학공업에서는 상당히 넓은 의미로 쓰고 있다. 왜냐하면 '인조'나 '인공' 등의 의미로까지 확대 해석되고 있기 때문이다. 합성화학은 암모니아 합성이 시초로 질소와 수로를 결합시켜 암모니아를 합성한 것이다. 그 다음이 메탄올의 합성이고, 중독의 위험이 있는 메틸알코올은 일산화탄소와 수소에서 합성된다. 전쟁 중에는 일산화탄소와 수소로 석유를 합성하기도 한다.

에틸렌에서 폴리에틸렌, 아세틸렌에서 염화비닐, 합성고무는 부타디엔이라는 가스와 스틸렌에서 합성된다. 화학섬유인 나일론·테트론 등은 인조견과 구분하여 합성섬유라 불린다. 요즘의 석유화학은 모두 합성화학의 일종이며 대부분의 유기화학제품은 합성에 의해 만들어진다.

3. 항생물질

과거에 비해 인간의 수명은 비약적으로 늘어났다. 그 원인 중 하나로 항생물질의 발견을 들 수 있다. 페니실린을 시작으로 스트렙토마이신, 클로로 마이센틴, 오레오마이신, 카나마이신 등 여러 가지 항생물질이 온갖 병을 치료하게 된 것이다. 높은 사망률을 기록하던 패혈증, 폐렴, 산욕열 등 구군류에 의해 생기는 병이 박멸되고 치료하기 힘든 결핵균의 항산균도 정복되었다.

항생물질의 개발은 플레밍이 푸른곰팡이가 다른 세균의 번식을 억제하는 현상을 발견한 것에서 시작되었다. 이 현상은 병의 치료용 외에도 여러 가지에 이용되어 왔다. 예를 들면 표구점에서 풀에 곰팡이를 피게 한 뒤 그 즙을 사용하여 썩지 않게

알기 쉬운

하는 것, 어포에 곰팡이를 슬게 하여 부패를 방지하는 것 등이다. 이런 것들은 모두 곰팡이가 분비하는 살균성 물질을 이용한 것이다.

4. 해 드 론

지금까지 알려진 힘(力場)의 종류는 모두 네 가지인데 그 중 최초로 연구된 것이 중력이다. 중력은 태양, 지구 같은 거대한 물체에는 어디나 작용하고 있기 때문에 중력이 미치는 효과는 대단히 크다.

두 번째로 연구된 힘은 전자력이다. 이 밖의 힘에 대해서는 1930년대부터 연구가 이루어졌다. 원자핵 속에는 양자와 중성자밖에 들어있지 않지만 단단하게 결합되어 있다. 원자핵 내에서 일어나는 움직임을 설명하기 위해서는 두 가지 상호작용에 대한 언급이 필요하다. 하나는 강한 핵 상호작용으로 크기가 전자력의 130배이다. 또 하나는 중력에 비해서는 크고 전자력보다는 훨씬 작은 약한 핵 상호작용이다. 양자나 중성자 같은 질량이 큰 소립자만이 강한 상호작용이 일어난다. 이와 같이 질량이 큰 입자를 통틀어서 해드론(hadron)이라고 한다.

5. 해 일

1959년 남미 칠레의 해안에 일어난 대지진이 해일을 일으켰다. 그 해일은 태평양의 반대측 북반구보다 훨씬 위쪽에 있는 일본의 해안지방에 큰 피해를 주었다. 누구도 상상하지 못했던 일이다. 해일은 해저에서 발생한 지진에 의해 일어난다. 그것은 파도라기보다 바다가 크게 요동치는 것으로 먼 바다에서는 파도를 느끼지 못하나 해안에서는 갑자기 해면이 솟는 것처럼 물이 밀어닥친다.

해일의 속도는 1시간에 500㎞ 정도이다. 1943년 알류산에서 발생한 지진으로 4시간 뒤 해일이 하와이를 덮쳐 큰 피해를 주었다. 그로부터 몇 년 뒤, 다시 알류산에서 지진이 일어났을 때는 사전 예보로 긴급 대피했다. 예상대로 4시간 후 해일이 덮쳐 왔으나 거의 피해가 발생하지 않았다. 일본의 해안지방은 예부터 해일의 공격을 자주 받았는데 해안의 만이 나팔모양이어서 파도가 안쪽으로 들어감에 따라 높아지기 때문이다.

6. 해저유전

옛날에는 석유란 육지에서만 나는 것이라고 생각했다. 그러나 해안으로부터 가까운 '대륙붕'이라 불리는 깊이 200m 미만의 지대에 막대한 양의 석유가 매장되어 있음을 알아냈다. 1890년 초 캘리포니아 해안에서 바다 쪽으로 잔교를 가설하여 굴착을 시작한 것이 해저유전 개발의 효시이다. 1974년 루이지애나 앞 바다의 수심 6m 해상에 세계 최초의 강철제 플랫폼이 설치되었다. 그 후 심해에 대한 유전탐사가 시작되어 여러 해저에서 원유를 생산하고 있다. 대규모 개발은 북해에서 진행되고 있다.

채굴방법에는 여러 가지가 있다. 얕은 곳에서는 인공 섬을 만들어 유정을 뚫지만, 육지에서 떨어져 있고 깊이 10m 이상 되면 특별한 굴착기를 써야 한다. 요즘은 대형 시추선에서 유정을 파내려 가지만 처음에는 배의 세 점에서 철각을 내리고 중앙에서 굴착추를 내리는 방법을 썼다.

알기 쉬운

7. 해 커

해커 (Hacker)란 말은 1950년대 말 미국 MIT공대에서 나온 은어이다. '한 군데 집중해서 파고드는 행위'를 뜻하는 'hack'란 단어에 사람을 뜻하는 '-er'이 붙어 만들어졌다. 따라서 해커의 본래 뜻은 '컴퓨터 작업 과정 그 자체에서 느껴지는 순수한 즐거움을 탐닉하는 것에만 관심을 갖는 컴퓨터 전문가로 진정한 의미의 해커는 시대별로 구분해야 한다. 1970년대 후반 당시의 해커들은 자신들이 직접 컴퓨터를 만들고 직접 실행하면서 오늘날 개인용 컴퓨터가 있도록 만든 장본인들이다.

1980년대 개인용 컴퓨터가 보급되고, 네트워킹이 진전되면서 해커의 본래 의미는 퇴색하고 타인의 컴퓨터에 무단 침입하여 범죄를 저지르는 인물들이 등장하면서 컴퓨터망을 이용한 첨단 도둑이라는 이름으로 인식되기에 이르렀다. 후자는 해커와 구별해 크래커라고도 부른다.

8. 핵 분 열

옛날에는 생물의 세포가 분열하여 증식할 때 우선 세포 내의 세포핵이 둘로 분열하는 현상에만 핵분열이라는 말이 사용되었다. 오늘날에는 원자력과 관련 깊은 말이 되어 우라늄이나 플루토늄 등의 원자핵에 중성자가 부딪쳐 그 원자핵이 둘로 분열하면서 거대한 힘을 발생하는 현상에 이 말이 사용되고 있다.

1934년 페르미는 여러 원소의 원자에 중성자를 충돌시켜 인공변환에 성공하고 우라늄에 중성자를 충돌시키면 자연에 없는 초우라늄이 생겨날 것이라 생각했으나 확인하지는 못했다. 1938년

독일의 한 등이 그 시도를 계속하여 우라늄원자에 중성자를 충돌
시키면 원자핵이 둘로 갈라져 두 개의 원자로 분열한다는 것을 발
견했다. 그 소식을 듣고 리제마이토와 조카 플리시는 그 현상에
대해 피션(fission)이라 이름 붙였는데 번역하면 '핵분열'이 된다.

9. 핵 산

생물이 세포로 형성되어 있고, 그 본질과 유전에 관한 중요한
성질을 관장하는 것이 세포핵이다. 그렇다면 세포핵을 만들고 있
는 성분이 무엇일까? 그 의문의 결과로 발견된 것이 핵산이다. 핵
산은 생명현상에 있어 매우 중요한 작용을 관장한다. 그러므로 동
물이나 식물이 외부로부터 섭취하지 않아도 세포 스스로가 합성
하여 생명을 영위하는 데 이용해 간다. 핵산의 기능에는 크게 두
가지가 있는데 생물이 자기 자신의 단백질을 합성하는 것을 돕는
작용과 생물의 유전을 관장하는 작용이다.

핵산에는 리보핵산과 디옥시리보핵산이 있다. 전자는 생물 몸
마다 고유한 단백질 합성으로 자신의 몸을 만들어 가는 데 유용한
것이고, 후자는 생식 때 유전하는 성질을 결정하는 작용을 한다. 핵
산의 연구는 새로운 분자생물학, 생화학에 중요한 의의를 가진다.

10. 핵 융 합

오늘날 수소폭탄에 응용되는 원자력 발생법이다. 보통 원자
력 발전이나 원자폭탄은 큰 원자 우라늄이 분열할 때 방출되는 에
너지를 응용한 것이다. 그런데 수소폭탄은 원자 연료로서 매우 작
은 원자인 수소원자·중소수원자, 혹은 리튬원자를 이용한다. 이

알기 쉬운

경우 원자분열과 반대로 원자가 서로 융합하여 큰 원자가 되고, 더 한층 거대한 에너지가 발생된다. 이 현상을 핵융합이라 하고, 수소원자가 융합하여 헬륨원자가 되는 경우에는 같은 중량의 석탄이 탈 때에 비하여 30억 배의 열을 발생시킬 수 있다. 즉 우라늄 원자력보다 1000배나 큰 에너지를 만들어내는 것이다. 핵융합반응을 일으키기 위해서는 수천만 도의 고온 상태로 만들어야 반응이 시작되기 때문에 현재로서는 원자폭탄을 기폭제로 하는 수소폭탄에만 이용하고 있다. 핵융합반응의 평화적인 이용 방법은 연구영역 안에 있다.

11. 핵 자

1911년 뉴질랜드에서 태어난 러더퍼드는 원자의 거의 모든 질량은 중심의 작은 부분에 집중되어 있다는 것을 알아냈다. 이 부분 외에는 매우 가벼운 전자가 하나 이상 있을 뿐이다. 원자의 중심에 있는 자그만 질량 덩어리를 원자핵(atomic nucleus)이라고 불렀다.

1914년까지 양자의 존재는 분명히 인정됐고, 1932년 채드윅이 중성자를 발견함으로써 원자핵은 중성자와 양자로 되어 있음이 밝혀졌다. 1941년 덴마크의 물리학자 C. 메라는 두 입자가 모두 원자핵에 있다는 것을 주목하여 소립자의 이름에 쓰는 접미사 '자'(-on)를 써서 핵자라는 말을 제안했으며 모든 사람들이 받아들였다.

따라서 핵물리학(nucleonics)이라는 것은 원자핵과 그것을 구성하는 입자에 대한 연구를 말한다.

12. 허 수

어떤 수를 두 번 곱한 수를 제곱수, 그 원래의 수를 제곱근이라고 한다. 제곱근은 꼭 정수만 되는 것은 아니다. 예컨대 2의 제곱근은 1.414214...로 영원히 계속된다.

다음으로 양과 음의 부호가 있는 수를 생각해보자. 양수와 양수를 곱한 수는 양, 음수끼리 곱해도 양이다. 양수든 음수든 두 번 곱한 수는 양수이다.

어떤 음수 $-X$를 $(+X) \times (-1)$이라고 쓸 수 있고, 그 제곱근은 $(+X)$의 제곱근에 (-1)의 제곱근을 곱한 것이다. 이 -1의 제곱근을 '허수'라 한다.

이것은 보통의 계산에서는 쓰지 않고, 1777년 스위스의 오일러는 -1의 제곱근을 허수의 머리글자를 따서 i라고 표시했다. 그런데 허수가 상상의 수는 아니다. 평면 전체는 복소수라는 두 개의 수의 조합으로 나타낼 수 있고, 공학에서 쓰여진다.

허수로 표시된 질량을 갖는 타키온도 있다.

13. 혈 액

혈액에 관계되는 말은 갖가지다. 헤모글로빈, 색소 헤모글로빈 등……. 헤모글로빈은 혈액의 붉은 색의 원천으로 혈색소하고 불리는데 이것이 폐에서 산소를 취하고, 그것을 영양을 위한 포도당 등을 연소시키는 데 공급한다. 헤모글로빈은 철분이 포함되어 있기 때문에 빈혈에는 종종 철분제가 투여된다. 혈액형이라는 것도 있다. 같은 사람이지만 혈액에는 몇 가지 종류가 있어 같은 타입의 혈액은 섞여도 괜찮지만 다른 타입이 혼합되

알기 쉬운

면 적혈구가 응집된다. 혈액형에는 A, B, AB, O형이 있다. 이 중 O형은 어떤 혈액과 섞여도 응고되지 않는다. 혈액형은 수혈이나 범죄 감식에서 중요한 의미를 가진다. 혈액 성분은 혈장과 적혈구로 구성된다. 혈액 속에는 백혈구가 있어 외부에서 침입한 미생물을 죽이고, 상처가 났을 때 혈액을 응고시키는 혈소판이 들어 있다.

14. 혈액순환

요즘은 사람이 죽는 것도 예사로 여기고, 시체 해부라는 말도 보통으로 듣는다. 그러나 과거에는 인간의 몸에 칼을 댄다는 것은 생각하기조차 힘들었고 만약 교황청 몰래 해부하면 화형을 당했다. 그런데 인체의 신비는 어떻게 밝혀졌고, 의학은 어떻게 발달되었을까?

기원전 300년경, 로마의 가레노스가 쓴 의학책에는 "심장에서 나온 혈액은 몸 속으로 들어가고 간장에서는 새로운 혈액을 만들어 심장에 보낸다."고 적혀 있다. 사람들은 1550년까지 이 설명을 믿었다. 그러나 스위스의 세르베트가 가레노스의 심장에 관한 설명에 정면 도전하여 확인까지 했으나 처형당했다. 그러다가 이탈리아의 윌리암 하비는 의학교수로서 심장과 혈액의 관계를 연구하기 시작했다.

하비가 13년간 인체에 대한 연구와 실험을 되풀이하다 1628년 연구 결과를 발표함으로써 혈액순환의 이론이 처음 발견되었다.

15. 형질 도입

20세기 초, 생화학자들이 연구한 것은 세포핵의 염색체와 바이러스였다. 염색체도 바이러스도 그 주성분은 핵산이라고 한다. 염색체는 일련의 유전자로 되어 있고, 바이러스는 세포에 들어가 뿌리를 내리고 자신에게 필요한 단백질 합성을 시작하는데 일종의 세포 내 기생이다.

이렇게 바이러스가 염색체에 들러붙어 세포의 형질에 대한 영구적인 변화, 즉 유전되는 변화를 가져오는 현상을 '형질 도입'이라고 한다. 이 말은 '들여온다'는 뜻의 라틴어에서 왔다. 어쩌면 세포핵의 유전자가 빠져 있는 부분을 바이러스를 이용하여 보충하는 일을 생화학자들이 할 수 있을지도 모른다. 앞으로 사람의 유전 메커니즘을 크게 바꾼다든지 또는 부분적으로 변경한다든지 하는 유전공학에 이러한 방법이 쓰여지게 될 것이다.

16. 홀로그래피

보통 사진의 경우, 물체에 반사된 광선이 필름에 부딪치면 음화가 만들어져 이 음화로부터 평면 사진인 양화를 얻는다. 그런데 이와 다른 방법으로 광선이 두 갈래로 나누어진다고 생각해보자. 한 갈래는 물체에 닿아서 반사가 된다. 이 때 그 물체의 모든 불규칙성이 광선에 반영된다. 또 한 갈래는 전혀 불규칙이지 않은 거울에 반사된다. 이 두 갈래의 광선이 사진 필름 위에서 마주치면 거기에서 일어나는 두 광선 사이의 간섭이 필름에 기록된다. 여기에 빛을 통과시키면 간섭의 특징에 의해 3차원의 상(像)이 만들어진다. 이것은 1947년 게이브에 의해 발표되었는데 그리스어

로 '천체의 기록'을 뜻하는 말에서 따온 홀로그래피(holography)라
이름 붙였다.

이것은 레이저의 출연으로 컬러 홀로그래피까지 만들어낼 수
있게 되었다.

17. 화 산

화산은 지하에 있던 1000℃ 이상의 고온에다 용융 상태인 마
그마가 용암이나 그 파편(화산석쇄물)으로 지표에 분출, 퇴적해
서 만들어진 산이다. 이 분출 현상을 '분화'라고 하는데 여러 가지
자연 현상 중에서 가장 무서우면서도 아름답고 공포감과 경이감
을 불러일으킨다, 분화에 대한 기록은 서양에서는 그리스 시대인
B.C. 639년의 이탈리아 에트나화산 분화까지 거슬러 올라가며,
여러 나라의 신화나 전설, 성경에 화산 활동이 등장한다. 분화의
원인에 대해서는 화산마다 독자적인 용암구덩이가 있는데 그 속
에 방사성원소가 내는 에너지가 축적하여 온도를 상승시키기 때
문이라는 생각이 우세하다.

화산에는 분출물이 퇴적하여 일본의 후지산과 같은 모양으로
형성되는 코니데(원추화산)와, 점도가 높은 용암이 지상에 쌓여
대머리형으로 형성되는 톨로이데(종상화산)등이 있다.

18. 화석연료

화석연료란 석탄, 석유, 천연가스 등을 함께 일컫는 말이다.
언제부터 이렇게 불렀는지는 분명하지 않다. 화석연료에는 이 밖
에 유모혈암(오일셰일)이나 타르, 샌드 등이 있고 모두 지하에 매

장되어 있는 연료이다. 화석은 먼 옛날 동물이나 식물이 죽어 흙 속에 묻혀 있는 사이에 유기물이 분해되어 사라지고, 그 자리에 규산 등 돌이 되는 성분이 대신 쌓여 침전된 것이다. 퇴적암 속에서 발견되는 조개나 물고기의 화석은 모두 이렇게 해서 형성된 생물의 흔적이다. 화석은 혈암이 틈새에 모양이 되어 남아 있는 나뭇잎 흔적도 해당된다. 또 먼 옛날의 수목이 퇴적하여 형성된 석탄, 바다 속 미생물의 사체가 모여 탄화수소의 기름으로 변한 석유도 화석이라고 할 수 있다.

지금 세계는 화석연료에 의존하여 살고 있다고 할 수 있다. 에너지원의 90%가 석유, 석탄, 천연가스이기 때문이다.

19. 화 성

지구의 동료격인 혹성으로서 예부터 우리와 친근감이 있는 화성은 지구의 바깥 궤도를 돌고 붉게 빛나는 혹성이다. 화성이 특별히 주목받는 이유는 혹시 사람이 살고있지 않나 하는 추측 때문이다. 화성에는 확실히 대기가 있다. 기온도 보통의 겨울 정도이고, 북극에는 하얗게 빛나는 '눈 모자'가 나타나는 것으로 보아 물도 있는 듯하다. 그래서 생물이 살고 있을 것이라는 생각을 하는 것이다.

1877년 스키아팔레리에 의해 화성 표면에 규칙적인 줄무늬가 있는 것이 관측되어 이것이 운하일지도 모른다는 논란을 일으켰다. 운하가 있다면 화성인이 살고 있음이 틀림없고, 지구인보다 높은 문명을 갖고 있을지도 모른다는 것이다. 그래서 웨일즈는 「우주전쟁」이라는 소설을 썼다. 화성인이 원통을 타고 지구를 공

알기 쉬운

격해온다는 이야기이다. 그러나 운하가 정말 있는지 정체가 무엇인지는 알 수 없다.

20. 화학비료

식물을 생육하는 데 비료로서 질소·인산·칼륨의 3가지 원소가 필요하다는 것을 안 것은 약 160여 년 전이다. 19세기 독일의 화학자 리비히가 식물에는 이 3원소가 필요하다는 것을 발견한 것이다. 그때까지는 퇴비나 분뇨 등을 시비하였고, 비료의 의의나 필요성이 알려져 있지 않아 농업의 생산성은 지극히 낮았다. 리비히가 비료의 3원소를 발견함으로써 농업에는 일대 혁명이 일어났다. 농작물은 더 많은 인류를 부양할 수 있게 되었고, 비료의 공급을 위해서는 화학공업으로 제조된 화학비료가 주역을 맡게 되었다. 질소비료는 암모니아 합성에 의해 유안이나 요소로 공급되고, 질소와 카바이드로부터 석회질소가 제조되었다. 인은 인공석을 황산으로 처리하거나 높은 온도로 구워 공급된다. 칼륨은 칼륨염, 즉 인산칼륨, 초산칼륨 등의 형태로 사용된다.

21. 화학요법

화학요법이란 화학물질을 인체에 투여하여 질병을 치료하는 방법이다. 대상 질환은 20세기 초에는 대부분 세균성 감염증이었으나 최근에는 암을 치료하는 항암화학요법을 뜻하는 경우가 더 많다.

최초로 사용된 화학제제는 제2차 세계대전 중 개발된 독가스의 유도체였을 정도로 항암화학제제 독성이 크며, 전신적으로 작용하기 때문에 예상되는 독성에 비해 암 치료 효과가 더 크다고 판단될 경우에 한하여 적용될 수 있다. 화학요법에 사용되는 화학제제는 약 50여 종에 이르나 작용양식은 크게 2가지이다. 처음 항암화학제제가 투여된 1940년대 초반 이후 약 60여 년이 지난 현재 암의 전반적 치료 효과는 매우 향상되었다. 즉 암이 전신에 퍼져 있다 하더라도 백혈병, 림프종, 융모세포암, 배아세포종, 소아암 중의 일부 암 등은 항암화학제제를 사용하면 완치될 수 있다.

22. 환 각 제

우리의 뇌는 화학반응에 의해 기능이 작동된다. 그 화학반응은 감각기관을 통해서 뇌에 전달된 자극 때문에 발생한다. 따라서 화학반응을 방해하는 물질이 들어오면 뇌의 화학 상태를 바꿀 수 있다. 이렇게 뇌의 상태가 바뀐 사람은 객관적으로 존재하지 않는 자극에 반응을 하기도 한다. 즉 실재하지 않는 것을 느낀다든지 실재하고 있는 것을 무시한다든지 하는 현상을 일으키는데 이런 이상 현상을 '환각'이라고 한다. 그런데 식물 가운데 환각을 일으키는 화학물질을 가지고 있는 것이 있다. 멕시코에서 나는 아마니타 무즈카리나라는 버섯, 대마 등이다.

1943년 스위스의 호프만은 리세르진산 디에틸아미드라는 유기 화합물을 연구하다가 환각을 일으키는 것을 밝혀내고 이 물질 이름의 머리글자를 만들었다. 이 약물의 이름은 LSD가 되었고, 현재 이들 약물 전체를 환각제라고 한다.

알기 쉬운

23. 환경호르몬

호르몬이란 생체의 특정한 세포에서 만들어져 분비되는 물질이다. 세포에서 만들어진 호르몬은 혈액으로 유출된 후 먼 곳에 있는 표적세포에서 생화학적인 효과를 나타낸다. 어떤 호르몬은 표적장기에만 작용하고(예: 갑상선 자극 호르몬-갑상선에만 작용), 또 어떤 호르몬은 여러 세포들이 작용을 일으키는데(예: 인슐린이나 갑상선 호르몬-간, 뇌, 피부 등에 작용) 이러한 호르몬들이 작용하는 장기에는 독특하게 결합되는 수용체가 있어 복합체를 형성하여 특이 장기에 선택적으로 독특하게 결합, 생화학적 효과를 일으킨다.

환경호르몬이란 생물체에서 정상적으로 생성, 분비되는 물질이 아니라 인간의 산업활동을 통해서 자연계에 생성, 방출된 화학물질이 생물체에 흡수되면서 호르몬처럼 작용하는 것을 말한다. 현재까지 확인된 것은 67종류이고, 피해가 본격적으로 보고된 것은 1991년부터이다.

24. 효 소

생물체 내에서는 뛰어난 화학반응이 이루어지고 있다. 밥을 입 속에서 씹으면 침 속의 효소인 디아스타제가 녹말을 분해하여 단 맥아당으로 바꾸어준다. 쇠고기를 먹으면 위액 속의 펩신이 단백질을 분해, 펩톤으로 바꾸고 췌장액인 트립신이 아미노산으로 바꾸어 흡수시킨다. 기름이나 지방은 리파아제가 지방산과 글리세린으로 분해한다. 디아스타제, 펩신, 트립신, 라파아제 등은 상온에서 일어나기 힘든 화학반응을 진행시켜 주는 효소, 즉 유기

촉매인 것이다. 이런 반응을 우리가 실험실에서 하려면 산과 알칼리를 넣어 가열하는 복잡한 처리를 해야 한다. 그런데 효소는 이것을 조용히 처리한다.

효소는 그 자체가 단백질의 일종으로 종류가 많고, 하나 하나가 특별한 화학반응을 일으킨다. 이런 여러 가지가 우리 몸 속에 모여 있어 복잡한 생명현상이 매우 원활하게 진행되고 있다.

알기 쉬운

알기 쉬운 과학용어 해설집

지은이 / 박 혁 구
펴낸이 / 이 방 원
펴낸곳 / 세창미디어
　　　　서울특별시 종로구 교남동 47-2
　　　　전화 · 723-8660(代)　팩스 · 720-4579
　　　　e-mail / sc1992@korea.com
　　　　homepage / www.scpc.co.kr
　　　　등록 / 1998. 1. 12 제 1-2272호(윤)

값 **7,000**원

* 잘못 만들어진 책은 바꾸어 드립니다.

초판 인쇄 / 2002년　9월 23일
초판 발행 / 2002년　9월 28일

ISBN　89-5586-015-3　03000

세창